時報出版

翡翠

行家這樣買

——翡翠鑑賞、選購、投資權威指南

湯惠民 著

致謝

感謝上帝保佑讓我能按照計畫完成這一本書，我知道這是一個艱鉅的任務與挑戰。感謝父母與家人體諒，支持我的寫作。「爸爸，我出門在外讓您擔憂，請您多諒解。」感謝中國紫圖圖書萬總與黃總、李媛媛、申蕾蕾、鞠倚天、李景軍、張海軍、蘇琦、聶靜等工作團隊，與時報出版社二編總編輯采洪姐、主編少鵬、責任編輯、企劃、美編等工作團隊。特別感謝我的恩師譚立平教授，傳授給我這麼多專業知識與做人做事的道理，並為本書作推薦序，祝老師與師母身體健康。珠寶世界邱惟鐘社長跨刀寫推薦序，句句出自內心真誠感受，在此由衷感謝。感謝吳舜田老師、吳照明老師、中華民國寶石學會理事長林嵩山、兩岸珠寶商情社長莊秋德、雅特蘭珠寶施進條董事長、大曜珠寶蔡慶祥董事長、芭莎珠寶總編輯敬靜、中國珠寶玉石總工程師摩依、勐拱翡翠楊自文董事長、中國地質大學（北京）珠寶學院余曉艷副教授、翡翠界雜誌社社長葉劍聯名推薦，為本書增添不少光彩。

感謝承翰珠寶、三和金馬劉董、雅特蘭施進條董事長、大曜珠寶蔡慶祥董事長、陳玉蟬、賴清賢、鄒六老師、臺南沈小姐、吉品珠寶、貝雅德珠寶，與所有提供照片的大陸好朋友，在此 一併致謝。

永懷玉雕大師麥少懷，另感謝王朝陽、王俊懿、楊樹明、黃福壽、葉金龍、梁榮區玉雕大師。感謝王月要、王素霞、陳怡純、高沁嵐、夏露薇、沈鳳蓮等知名設計師等人無私提供大作，與廣大讀者分享。

再次感謝速霸陸老總周振剛在昆明、瑞麗、廣州、揭陽、平洲、四會一路相挺，你是亦師亦友、值得一輩子交往的好兄弟。瑞麗姐告玉城老總江成超、翡翠界主編劉海鷗、工作室同仁林曉青、林逸榛協助搜集資料，在此一併致謝。

最要感謝的還是所有粉絲的熱情回應，短短一個月的時間就讓本書的簡體版榮登中國當當網藝術收藏鑑賞玉器類排行第一名。繼續寫好書就是我回報大家最好的方式。

有志竟成

　　湯惠民君於 1993 年考入國立臺灣大學地質研究所，1995 年由筆者指導其碩士論文「輝玉之礦物學研究」，是臺灣第一篇以翡翠為題目的研究論文。輝玉舊稱硬玉，如今惠民稱為翡翠。硬玉的摩氏硬度 6.5 至 7.0，而舊稱軟玉的硬度，經筆者、紐西蘭權威及大陸專家的測定，有低於 6.5 的，但亦有高達 7.1 的。因為「軟玉」的硬度有時比「硬玉」為硬，工廠實地切割的時間亦較長，以軟玉稱之，顯然不甚適當，因此筆者依礦物種屬，25 年前改稱輝石類的「硬玉」為「輝玉」，閃石類的「軟玉」為「閃玉」。惠民依市場習慣所稱之翡翠即屬輝玉。經 20 年的繼續研究，遠遊世界各著名翡翠產地與重要行銷城鎮，遍訪各大學名師與此一行業之頂尖權威，惠民今日也儼然翡翠的另一專家權威了！

　　翠綠寶石為古今中外人士喜愛。大家都知富甲歐非的埃及豔后 (Cleopatra) 最愛的寶石為 Emerald，即近日市場習稱之「祖母綠」。然而，在筆者於沙烏地阿拉伯阿布都拉濟茲國王大學 (King Abulaziz University) 任教之時，該校展覽之紅海對岸，2,000 年前豔后派人手挖深達 200 公尺的直井之所謂祖母綠僅呈黃綠色，遠不及翡翠之豔綠可愛。今日哥倫比亞生產的祖母綠，顏色雖好，鑲在戒指及胸針之時，稍一不慎碰撞，就會崩裂。相比之下，翡翠屬玉，較為堅韌，正常使用，可以做為多代傳家之寶。

　　惠民的《行家這樣買翡翠》一書不僅是買翡翠的人必讀，也是賣翡翠和研究翡翠的人之重要參考，因此大力推薦，也恭喜惠民有志竟成！

哥倫比亞大學地質學博士　譚立平　2013 年元宵節

買翡翠～難嗎？

看這本書，你下手就容易了！

　　最近走紅於對岸的「阿湯哥」湯惠民老師，2010 年在臺灣出版了一本《行家這樣買寶石》，幾個月後簡體版卻已在大陸全國各省暢銷，隨之而來的是各方面邀約不斷的演講，「阿湯哥」的演講每次都足以讓人收穫滿滿，因為他在講座中都能展現他個人天生的親和力，這種親和力總能吸引在座聽眾的熱情與理想。走過忙碌的 2012 年，湯老師再出版了新書《行家這樣買翡翠》，這次是先在大陸出版簡體版，簡體版《行家這樣買翡翠》，不負大家期待，勇奪了中國網路藝術收藏類書籍排行第一名，擊敗自己姐妹作《行家這樣買寶石》，這兩本書引起大陸市場轟動熱銷，不是沒有原因。湯老師 20 年來努力研究寶石知識、市場和行銷，憑著買賣各種寶石的機緣，獲得了消費者買寶石最關心、最在意的心理因素，現在藉著這兩本書的出版，要與大家分享他 20 年來的經驗與心得，字裡行間充滿他對寶石乃至翡翠最切切的熱愛。湯老師從市場買賣中看見中國人是世界上最熱愛翡翠的民族，這本《行家這樣買翡翠》可以讓消費者在混亂的翡翠市場裡，實現自己愛玉、擁玉的人生，《行家這樣買翡翠》繁體版即將於四月出版，我想，它應該也會是今年臺灣最熱銷的珠寶參考書。

　　我相信有許多讀者將因本書而對翡翠產生更大的興趣，盼望這本書的出版可以為近年臺灣冷淡的翡翠市場，注入一些活水。

珠寶世界雜誌社長　邱惟鐘

成為翡翠行家

湯惠民先生所著的《行家這樣買翡翠》即將付梓，受著者之託，我有幸先睹為快。認識湯先生的時間不長，但我知道湯先生從碩士研究生階段就開始對翡翠進行研究，本書不僅是著者長期研究翡翠的心血結晶，同時也是著者豐富市場貿易經驗的總結，因此是一本難得的好書。在此，我很願意在該書付梓之際寫下自己的讀後感言，祝賀這一新作的面世，並希望以此和喜歡翡翠的朋友們一起分享。

翡翠是天地孕育之精華，大自然創造之傑作。翡翠的種、水、色所展示的美多種多樣、變幻無窮，使人賞心悅目；翡翠的雕刻和設計工藝所蘊含的文化寓意凝聚了人類的智慧和文明，令人浮想聯翩。翡翠體現了大自然鬼斧神工般的自然美和人類巧奪天工的工藝美，讓人心動不已，並成為人們投資和收藏的熱點，因此如何購買和投資翡翠也成為人們關注的熱門話題。

《行家這樣買翡翠》不同於以往的翡翠書籍，可謂獨樹一幟，它是專門寫給消費者看的，是一本翡翠購買投資的實用指南。全書特色鮮明，作者把自己的專業知識和翡翠的市場貿易經驗融合在一起，採用生動而通俗的語言、豐富而精美的圖片，逐漸引領讀者進入翡翠的世界，作者旨在使讀者透過對翡翠的知識有了全面的認識和了解後，懂得如何購買和投資翡翠。

全書涉及的內容豐富，可讀性強。從翡翠的基本性質到如何鑑別真偽；從翡翠的優化處理到翡翠的加工工藝；從翡翠的種類到價值評估；從翡翠的雕刻過程到雕刻寓意；從翡翠的市場到經營方式；從翡翠的選購到投資收藏；甚至包括翡翠拍照的技巧、翡翠的培訓機構、翡翠市場的基本情況等等，書中都應有盡有。

我相信讀者透過閱讀本書，即使你是一個完全不懂翡翠的人，也定能從中受益，透過不斷地學習和實踐，一定能變成一個購買翡翠的行家。

中國地質大學（北京）珠寶學院副教授　余曉艷博士

讓專業成為追求

《翡翠界》雜誌總編葉劍來電話說，臺灣有位叫「阿湯哥」的人寫了一本關於翡翠的書，想讓我做個序，不知能否？我說行呀！就這樣在三天後就接到了阿湯哥寄來的一份稿件，名為《行家這樣買翡翠》。我一口氣讀完，覺得稿子寫得不錯，提筆就寫了這個序。

寫翡翠是很難的，首先要有自己的一套理論，再根據理論來論述自己的觀點，就有理有據了。很多翡翠的書就缺理論，阿湯哥這本書有理有據，讀完之後可大膽地去購買翡翠，使人少走彎路少上當。

翡翠的質量從差到好，價格相差巨大，這就會使許多人搞不清楚。達寶石級的翡翠要求綠色正（翠綠）、底子淨，要溫潤（種好），微透明至半透明。所有玉石類品種不要求透明，「重溫潤」，這就是玉文化魅力所在。

翡翠從狹義上講，單指那些綠色、達寶石級的硬玉岩。以綠為貴，其他顏色次之（自古如此）。溫潤種是本，否則綠再好也達不到寶石級，配上乾淨無瑕疵的底，那麼這塊翡翠就完美了。

阿湯哥的這本書非常全面系統地論述了翡翠質量的各方面，把翡翠最主要的質量指標論述得極為深刻。

很多單位與個人都在嘗試著去制定翡翠的質量標準，但都不夠理想。這主要是沒有抓住翡翠的本質，也就是對翡翠的理論基礎學習得不夠，那你就沒有辦法製作它的標準標樣圖譜。凡是沒有圖譜作為比色的，都不能稱之為標準。

阿湯哥這本書也在嘗試著做出自己的翡翠標準，嘗試以圖譜來說明翡翠綠色的好與壞，這都是值得深入下去的。

關於玉雕的設計雕琢及評價問題，這是一個關係到玉雕產業能否向前發展、能否得到世界認同的問題。目前中國的玉雕藝術創新不夠，在傳統基礎上的繼承不夠，還停留在2、300年前的狀態，玉雕藝術設計到起名充滿了世俗化、功利化的小農思想。這些都是我們要研究的內容。阿湯哥也在這些方面進行了探索研究，實在是難能可貴。

因為翡翠的質量相差很大，它的價格也會從幾百元到上億元不等，這就是很多人搞不清楚它的原因。一件好翡翠，首先是它原料質量的好與壞，其次是設計作工。若翡翠的「種」、「色」、「水」、「底」都很好，作工有新意，具有玉文化內涵，那這就是一件價值很高的藝術品。否則次之。阿湯哥在這方面寫得很全面詳細，給了很準確的交代。

翡翠這個行業容易進入，只要有錢買來就賣，賺錢就行，但要做好做大很難。最近幾年大量外來資金進入翡翠業，把翡翠價格炒到一個不能容忍的地步，這時想把翡翠做好做下去就很難了。就在此時，阿湯哥的這本大作出版了，這本書不只是寫給消費者的，也是寫給銷售者的，他們更需要對寶玉石專業知識進行充實。那《行家這樣買翡翠》這本專業書，就是難得的專業「糧食」。

中國珠寶玉石總工程師　摩休

自 序

　　自從 2010 年出版《行家這樣買寶石》後，受到兩岸很多讀者熱烈迴響，也透過微博或書信希望我能再寫一些書籍以充實寶石知識。該寫什麼好呢？就來寫翡翠吧──這陣子最熱最火的翡翠！然而市面上有關翡翠的書不下 30 本，好幾位大師級的書都是叫好又叫座，有寫翡翠歷史文化的，有講翡翠坑口或賭石技巧的，有的講翡翠商貿、翡翠投資評估與鑑賞，還有的講翡翠鑑定與仿冒品、翡翠雕工意涵及翡翠選購要訣。光是有博士學位、教授頭銜與地質背景者就有將近 10 位，都是學界與業界頂尖的前輩，累積了數十年以上的功力。我是來湊熱鬧，還是來認真的？我該如何寫呢？我有能力寫嗎？這樣的話不斷的在我腦海裡盤旋，停筆吧，你算老幾？你去過緬甸礦區嗎？你會認坑口的翡翠嗎？你玩過賭石嗎？寫寫文章投投稿就算了，湊湊熱鬧吧，寫翡翠書就別瞎攪和了，充其量不就是東拼西湊、移花接木的書而已，別再糊弄讀者了，讓讀者省省荷包吧……

　　首先說明，我不是什麼翡翠專家，也沒有能力當專家。很多業者與前輩都是我的老師，直到現在我還是一直在學習翡翠的學問。應該說，翡翠這一行裡永遠沒有專家（只有學者、前輩與行家），也沒有百戰百勝的人。但要寫書就要認真寫，別辜負讀者的期待。把讀者當作是完全不懂的初學者，我該如何引領他到翡翠的世界裡呢？另外，翡翠的消費者最在意什麼呢？怕買到假的、貴的，怕買到有優化處理的；不知道去哪裡（有公信力、可靠的鑑定機構）鑑定、不會鑑賞翡翠雕工好壞；不知道該如何跟商家問價錢、也不敢殺價。翡翠買貴可以退嗎？戴翡翠可以消災解厄嗎？翡翠還有升值空間嗎？去哪裡買翡翠最便宜？翡翠真假怎麼看？翡翠會越戴越綠嗎？如何投資翡翠？拍賣會買的翡翠比較有增值

空間嗎？花多少錢挑選翡翠送禮最恰當？古董翡翠有價值嗎？翡翠該如何轉手？網路購買翡翠可靠嗎？翡翠什麼時機進場比較合適，何時脫手最好？戴翡翠可以炫富嗎？翡翠會跌價嗎？買翡翠有行規嗎？什麼時間、什麼光源看翡翠最好？翡翠有國家標準可依循嗎？翡翠是礦物還是岩石？選擇坑口很重要嗎？要挑種還是要挑色？料子爛是不是就沒救了？旅遊景點有好貨嗎？諸如此類的許多問題，相信是消費者最想知道的事情。

買賣翡翠是一門利潤很大、風險也很大的行業，一轉手很多都是幾倍、幾十倍的利潤，買的人想找性價比高、越便宜越好，賣的人卻是想多賣一點、多賺一些。這種不對等的心態，造成交易的複雜與困難。賣家往往以翡翠為不能再生資源，「種老色好」的翡翠越來越少，現在不買隔天就後悔的說詞，來達到成交的目的。而我的學生中很多人都花得起錢買塊翡翠墜子或手鐲來戴戴，但是這幾年翡翠價格一再攀升，往往聽到業者開價後，就退避三舍，也不敢討價還價。這樣就大大降低了成交率，也不是一件開心的事。另外，投資與投機的人越來越多，往往今天買明天就想賣掉賺取差價，一個貨品兜來兜去轉過幾手後，價差可以到好幾十萬甚至百萬。

我相信買翡翠是一種緣分，不同的個性與氣質，不會看中相同的一塊翡翠。買翡翠不強求，得之我幸，不得之我命。買到之後就得好好珍惜與對待，隨時把玩或與親友交流。每一塊翡翠都有它自己的歷史與故事，讓翡翠文化繼續傳承下去，世世代代成為傳家寶，那種親情與文化傳承是金錢無法衡量的。

湯惠民　2013.3.16　於臺北工作室

目錄

Part 1
----17

1. 翡翠的命名 ----18
2. 翡翠的種類 ----26
3. 翡翠的分級制度 ----48

Part 2
----75

1. 翡翠與相似玉石的分辨 ----76
2. 翡翠的優化處理與鑑定 ----91
3. 翡翠的鑑定工具 ----108

Part 3
----113

1. 翡翠的雕工過程 ----114
2. 翡翠的雕刻意涵 ----134
3. 翡翠工藝大師 ----156
4. 翡翠珠寶設計師 ----181

Part 4 ----195

1. 翡翠飾品的選購要訣 ----196
2. 翡翠各地交易市場 ----238
3. 翡翠的拍賣市場 ----256
4. 翡翠市場獨有的賭石 ----270

Part 5 ----285

1. 翡翠買賣的經營方式 ----286
2. 翡翠的投資與收藏 ----305
3. 翡翠的進修教育機構與鑑定機構 ----319
4. 翡翠的實用拍攝技巧 ----325

附錄

1. 翡翠的成因、礦帶、產狀及場區 ----334
2. 翡翠的礦物成分與組成結構 ----340

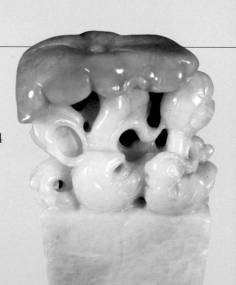

Part 1

1

翡翠的命名

翡翠一詞的由來

　　翡翠一詞最早是指一種鳥名：「翡」為雄鳥，身上有紅色羽毛；「翠」為雌鳥，身上有綠色羽毛。在臺灣，有商家認為紅色為翡，綠色為翠。另一種說法是，「翡翠」即「非翠」，以此來區別中國新疆和田玉（被稱為「翠玉」），因為翡翠的顏色比和田玉的顏色更絢爛多彩，故而稱「翡翠」。

　　古代中國的玉以白色的和田玉為主，在清朝乾隆皇帝時，緬甸玉大量流入中國，使得綠色的玉大量增加，加上慈禧太后的厚愛，翡翠便從宮中流行到民間了。在中國大陸，各種顏色的緬甸玉都可以稱為翡翠，然而對臺灣的消費者而言，只有剔透且滿綠的緬甸玉才能叫翡翠。這是兩岸消費者認知上的差異。如今不論

▲　翡翠晶瑩剔透、鮮豔欲滴，凝聚了人們對所有美好的人格和精神特質的追求和嚮往。（翠祥緣）

▲ 在很多人心裡，提到翡翠便是綠色的玉石，其實不然，這只糯白純淨的平安扣也是翡翠。（翠祥緣）

是銷售量或者是消費金額，翡翠的消費已經有凌駕和田玉的趨勢，在學術上或者是商業上也漸認可對翡翠一詞的定義。翡翠的產地主要是以緬甸為主，其他產地包括俄羅斯、瓜地馬拉、日本等國家。但論品質與產量，緬甸翡翠永遠無可取代。

翡翠定義

關於翡翠的定義，有狹義與廣義之分：狹義的翡翠，指以硬玉為主要礦物成分的玉石；廣義的翡翠，據歐陽秋眉的說法，指由各種在晶體化學上與硬玉有關聯的輝石類礦物組成，並且此類礦物的含量大於 60%，具有顆粒鑲嵌結構的玉石。目前在寶石界採用的是翡翠的狹義定義。

翡翠與玉的關係

中國人具有悠久深厚的玉石歷史文化，認為一切美麗的石頭都能稱之為玉，是個相當寬泛朦朧的概念。7、8000 年前的新石器時代，即已出現玉的蹤跡，4、5000 年前的紅山文化、龍山文化及良渚文化時期更湧現出大量精美的玉器。

中國知名的四大名玉有新疆和田玉、河南南陽的獨山玉、湖北綠松石以及遼寧的岫岩玉（專業稱之為蛇紋石玉）。

相對於屬於軟玉的和田玉，翡翠是以硬玉為主要成分。翡翠在清代由緬甸傳入中國，清朝皇室對翡翠的推崇，使得佩戴翡翠在清代成為時尚。

翡翠晶瑩剔透、質地細膩，符合中華民族崇尚含蓄、內斂的精神，再加上變化多端、嬌豔欲滴的色彩，備受珍愛，因而一股綠色的時尚潮流風起雲湧。

在古代，佩玉是一種身分地位、道德情操、思想境界的體現。君子比德如玉，美玉需配君子，有美玉在身，才稱得上是一個有涵養、具備君子風範的人。

許慎《說文解字》裡說，玉乃「石之美，有五德：潤澤以溫，仁之方也。䚡理自外，

可以知中，義之方也。其聲舒揚，專以遠聞，智之方也。不撓而折，勇之方也。銳廉而不技，潔之方也。」仁、義、智、勇、潔為玉的五德。我們都知道，儒家文化的核心是「仁」，因而以玉的五德做為人品德行為的標準，從而錘鍊一種含蓄、內斂的品格和堅忍不拔的毅力，便成為中國人對佩玉的美好解讀，也是一種願望。

翡翠的綠代表了鮮活、飽滿的生命力，代表春天、生機和活力，綠也代表自然、回歸和希望，這也是佩戴翡翠比佩戴其他飾品更能彰顯主人內在品格和涵養的原因。

▶ 清朝帽子上的翡翠掛飾

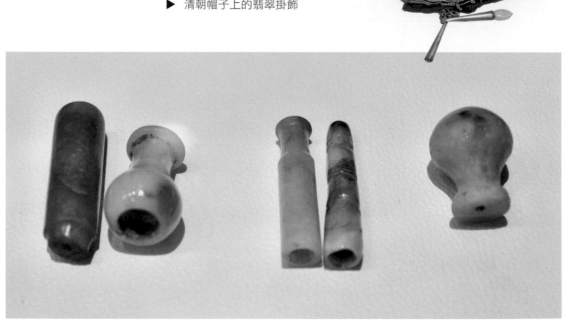

▲ 清代的翡翠煙嘴

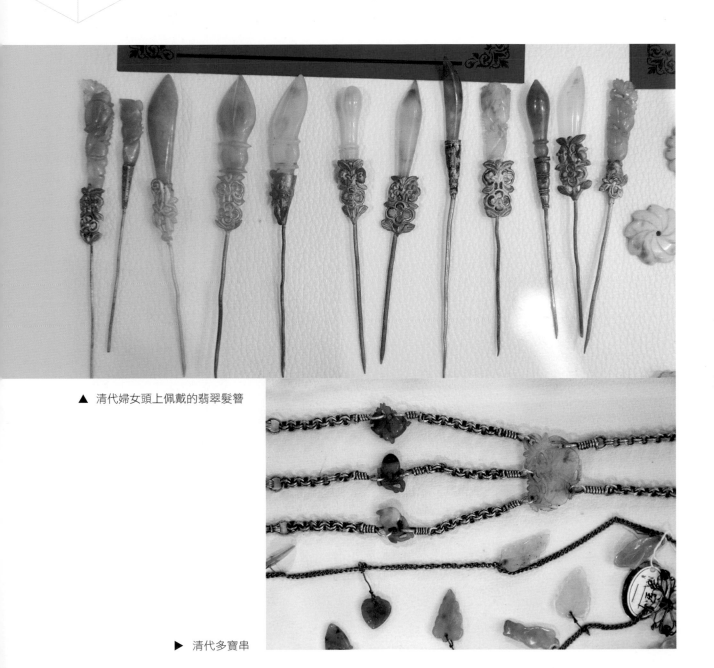

▲ 清代婦女頭上佩戴的翡翠髮簪

▶ 清代多寶串

翡翠的歷史

翡翠被發現的故事就如它的外表一樣令人驚豔。《緬甸史》裡記載,西元 1215 年剛被封為土司的緬甸人珊龍帕無意間在河灘上發現了一塊形如鼓狀的藍玉,隨後他便在附近修築城池,將此地取名勐拱,意為「鼓城」。勐拱後來成為重要的翡翠集市。

另外一種說法是,13 世紀中國雲南的商人在從緬甸回雲南的路途中,為平衡騾子馱的擔子而撿起了一塊翡翠巨礫。

比較確切的史料表明,明朝以後才有翡翠傳入中國,因為元代以前雲南騰衝的墓葬物中並沒有翡翠。因而,翡翠最初的發源地在緬甸無疑,翡翠傳入中國同樣源於不經意,就猶如它最初在緬甸不經意被發現一樣,充滿意外與巧合。

《芸草合編》裡說,緬甸玉石在 1443 年為當地土人在被沖刷的河床中發現,後來一些華僑發現幾處玉礦,於是拿到密支那與騰越(即騰衝)交易。

說穿了,其實就是零星發現與大量發現的區別,當有大量的人們發現認為有價值的東西,並進行買賣,便開始了最初的翡翠貿易。

據《雲南北界勘查記》裡記載,緬甸霧露河岸產玉區老場的開採始於明朝嘉靖年間,到了明末的時候,雲南騰衝的玉石業已經具有一定規模。

到了清代,翡翠的商業規模進一步擴大。

根據《愛月軒筆記》記載,慈禧入棺時,頭頂翡翠荷葉,身邊放了翡翠佛、玉佛等百餘尊,足旁左右各放翡翠西瓜、翡翠甜瓜、翡翠白菜等,可見她對翡翠的喜愛之甚。

什麼是玉

被礦物學家視為聖經的 *Dana's Textbook of Mineralogy* 對玉 (Jade) 的定義是:「玉是由許多種堅硬的礦物所組成,有緻密的構造,顏色可以從白色到暗綠色,在中國有很高的價

值。種類包含：1. 軟玉 (Nephrite)，屬於角閃石類，可以是透閃石或陽起石的固溶體，比重在 2.95-3.0。2. 硬玉 (Jadeite)，屬於輝石類，比重在 3.3-3.5。」為何會有這研究？主要是因為英法聯軍後，從中國宮廷掠奪來的國寶中加以分析，發現宮廷內有和田玉與翡翠這兩種。這位法國礦物學家德目爾 (Domour) 的研究，經日本礦物學家翻譯後，就將玉分成軟玉與硬玉這兩大類。

其實這翻譯並不妥，因為這兩個英文字裡沒有軟與硬，但臺灣與中國的地質學者卻一直沿用這兩個名詞。直到 1970 年代，臺大譚立平教授研究花蓮軟玉時，發現軟玉的硬度在 C 軸方向高達 7.1 度。而當地切割臺灣玉的師傅也說，他切割臺灣玉的時間，比切割硬玉的時間要來得久。這就造成了軟玉竟比硬玉還硬的窘境。因此譚教授才建議國立編譯館將課本裡的名詞「軟玉」改成「閃玉」、「硬玉」改成「輝玉」。目前臺灣學術界有部分採用譚教授的說法，也有部分業者採用軟玉與硬玉的說法。

西方將玉分成軟玉與硬玉這兩種，在中國引起考古與古玩界的不同聲音，也代表他們的不同立場。因為考古的文物中，包含了和田玉、岫玉、綠松石、瑪瑙、玉髓等。況且中

▲ 玻璃種飄綠花手鐲（王俊懿）

國人才是最懂玉也最會用玉的。最耳熟能詳的就是，石之美者叫玉。古時君子必佩玉，玉有五德，舉凡質地堅硬，顆粒細緻，光澤溫潤，給予人一種美感者，都可以稱之為玉。因此部分專家並不贊同這樣的分法。

近代礦物學家則認定玉是指特定的兩種主要礦物：翡翠（硬玉、輝玉）或軟玉（閃玉）。2011 年 10 月在北京大學召開的工學會議裡，許多專家學者仍然抱持不同意見。有的專家學者認為中國的玉應該包含從古至今享有盛名，且現今仍在開採的四大名玉：新疆和田玉、遼寧的岫岩

縣岫玉、河南南陽獨山玉、湖北鄖縣綠松石。有部分學者廣泛認為「石之美者」就是玉，而依這樣的定義，就會有好幾十種礦物，不分礦物成分，都可以叫作玉，例如青海的崑崙玉、新疆戈壁玉、西藏瑪瑙、江蘇東海水晶、湖北與陝西綠松石、江西的螢石、湖南芙蓉石、貴州清龍的貴翠、臺灣花蓮豐田玉。不管如何，任何人都有它的主張，主要是消費者必須搞清楚自己買到的是石頭還是玉，是礦物學家的定義，還是部分學者專家認定的四大名玉，或者是更廣泛的「美石都是玉」。當然，一切若能依照國家標準制定，買賣才不會造成糾紛，甚至走上法院。日前筆者也參加了臺灣經濟部標準檢驗局的寶石名詞審查，有許多兩岸不同的用語，隨著兩岸人民交流日益頻繁，溝通與修改都刻不容緩。

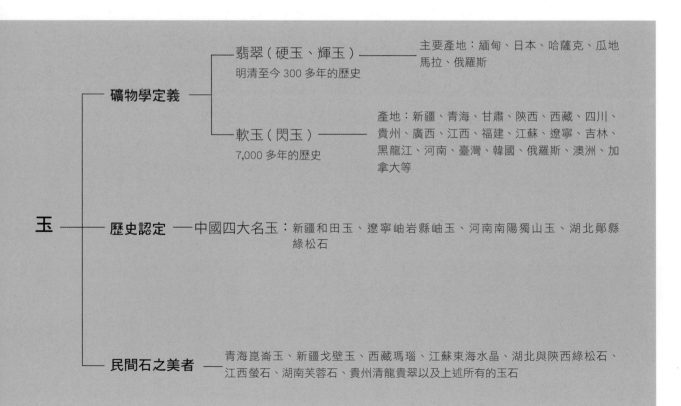

2

翡翠的種類

　　如果問：「最近這幾年，珠寶界最瘋狂的是什麼？」我看大家都會不約而同投翡翠一票。沒人說得準，價錢不止三級跳，而是 N 級跳（N 大於 10）。古人有云：「金有價，玉無價。」說得真是貼切。雖說這幾年黃金價錢也是節節高升，但是與翡翠相比，卻是小巫見大巫，漲幅微不足道。不論是緬甸政府公盤的拍賣，還是中國各地買家賭石的買賣，預估價位與實際標得價位總是有一大段落差。買翡翠難道就是富豪的代表與象徵嗎？這樣的跡象會持續下去嗎？緬甸翡翠真的越來越少嗎？翡翠有可能泡沫化而被套牢嗎？現在投資翡翠時機對嗎？個人認為，翡翠的價位與經濟發展有很大關係，畢竟這不是日常生活所需，高檔翡翠是看人在賣，你買得起，越能顯示自己的財力雄厚。除非全球發生重大的金融風暴，翡翠短期內要回歸 5 年、10 年前的價位，那真是阿婆生孩子，想都別想了。

　　難道平民百姓都無法接觸翡翠嗎？記得我學生時代，就因為同樣礦物成分，翡翠的價位卻可以從幾百元到幾千萬，有那麼大的價錢差異，所以才好奇想去揭開翡翠的神祕面紗。如果有機器可以偵測翡翠內部顏色與質地，是不是就可以發財了？綠顏色的分布與深淺，為何又與裂紋有絕對關係呢？如果能夠將學術與實務結合該有多好？奈何翡翠就是這樣的撲朔迷離，在還沒剖開翡翠之前都有希望，剖開之後，有人一夜致富，也有人傾家蕩產、落荒而逃。這也就是為什麼有這麼多人願意前仆後繼，集資買一個希望，不是開跑車當老闆、吃魚翅燕窩，就是當乞丐沿街乞討，落差這麼大還樂此不疲。

決定翡翠等級高低價錢的因素，不外乎顏色與質地。

顏色

翡翠的顏色有很多種，你想得到的顏色幾乎都有。唯一要注意的是，在中國大陸各種顏色的玉都稱翡翠，但在臺灣只有綠色的玉才能稱翡翠。在臺灣還有另一種說法：紅翡綠翠。總之，不要雞同鴨講就好。隨著年紀增長與地區性的文化影響，人們喜愛翡翠的顏色也不會一樣。比如：年紀輕的小姐，不喜歡戴綠色的翡翠，比較喜歡白色、淺綠色或是紫色翡翠，除了經濟因素外，最主要是感覺太老氣。翡翠顏色與致色因子有關係，翠綠色是因為含有鉻元素，紫色是因為含有錳元素，紅色與黃色是含有氧化鐵的緣故。很多人說挑翡翠顏色的關鍵就是要「濃、陽、正、勻」。濃就是顏色的飽和度越高越好而且鮮豔；陽就是色調的明暗程度，不可過淺與太深；正就是色調要正，帶黃或帶藍都是顏色不是正綠；勻就是顏色分布要均勻，而且濃淡顏色也要均勻。

質地（種地或水頭）

翡翠的質地好壞與翡翠的結晶程度與結晶顆粒大小有關係。結晶顆粒粗，相對的質地差，透明度也差。反之，結晶顆粒越細膩則透明度就高（俗稱水頭好）。翡翠的質地分類以肉眼觀察，全透明的在商業上稱為「玻璃種」，半透明者稱「冰種」。質地最差的就是不透明。不太懂翡翠的消費者，會比較喜歡從顏色做挑選，不會去挑選透明度。有鑑賞力的消費者則選擇翡翠的質地或水頭，有無顏色就要看自己的口袋深不深，因為一分錢一分貨，想要顏色深綠又要質地透明，並不是一般人可以消費得起。以前

▲ 玻璃種滿翠鑲鑽耳墜（大曜珠寶）

值幾十萬或上百萬臺幣一顆的蛋面翡翠，現在都要好幾百萬到上千萬元，講明白一點，一顆玻璃種翡翠蛋面，現在可能需要用一間房子來換。只能說早買的，都賺到了；還沒買的，也只能用雙眼去欣賞了。

商業上對各種翡翠相關名詞的稱呼，消費者很難懂，而每一地區的講法也不盡相同，甚至同一顆翡翠不同商家的稱法也不太一樣。因此，消費者只要憑直覺判斷，依照透明程度與顏色去分類就可以。

以下就針對比較常見的商業講法，簡單歸納出翡翠的幾個種類。

翡翠的種

常有人拿著翡翠來問我：「老師，你幫我看看這是翡翠嗎？是屬於哪一個品種？」是不是翡翠，得看你是從哪一個角度出發，因為在臺灣，人們幾乎都認為翡翠就該是綠色的，只有整個全綠色才能叫翡翠；少部分的人則主張紅色為翡，綠色為翠，也就是「紅翡綠翠」。然而在中國大陸，不管什麼顏色，只要主要礦物成分是硬玉（輝玉）、綠輝石、鈉鉻輝石者，就可以稱為翡翠。

換句話說，紅、黃、藍、綠、紫、灰、黑、白等各種顏色都可以稱之為翡翠。而翡翠商家與學者的分法也不太一樣，同一種翡翠的講法也有些差異，如何將它簡化，並讓消費者輕鬆認識翡翠，就是一個重要工作。筆者將幾位學者、玉石前輩的心血結晶（歐陽秋眉、嚴軍、摩休、袁心強、包德清、郭穎）的翡翠分

▶ 老坑玻璃種葫蘆吊墜（翠祥緣）

類加以條列，讓大家更能了解其說法與比較。

　　透過表格（P.62），大家更可以區分出不同學者的分類方式與區別。此外，筆者也簡單用翡翠的透明度與顏色、產地來區分，讓大家從此看得懂也聽得懂行話。

依照顏色與組成顆粒區分

▍老坑（老場）

　　在商業上的講法是在較早的次生礦床發現並開採的翡翠，通常為顏色符合頂級定義「濃、陽、正、勻」的綠色翡翠。純正的綠色既不偏暗也不偏藍、灰、黃。老坑基本上質地比較透，礦物顆粒小到肉眼看不見，可能是非常剔透的玻璃種，也可能是半透明的冰種或微透明的糯種。基本上，老坑種翡翠都是屬於高檔翡翠，所以市面上把最頂級的翡翠稱為「老坑玻璃種」，也就是指色豔綠、水頭足（長、透）的意思，這在商業上有一種說法是「祖母綠」色或「皇家綠」色。老坑翡翠都是價位很高的翡翠，一顆大拇指頭大小的蛋面都要好幾百萬，一只翡翠手鐲甚至要好幾千萬到上億。

▲ 老坑種翡翠原石

▌ 新坑（新場）

　　新坑或新場的翡翠。意味著結晶顆粒較粗，大多數是原生礦，綠顏色較沉、質地不透，組成礦物複雜，且雜質多。商業上若是說這塊翡翠是新坑或新場，意味著價值較低，無法出好色、好品質的翡翠。但這說法不是百分百正確，原生礦床也會有好的高級翡翠，只是機率較低。中國大陸許多風景區的賭石都是這種新場翡翠，一顆手掌大小的原石只要1、2,000塊臺幣，有興趣的朋友可以去試試看。

▲ 切開的新坑原石

大多數新坑的原石品質都不好，賭石就會賭輸，這就是一個典型，表面是蘋果綠，可是切開後卻發現是完全無法做任何飾品的廢料，但是新坑的原石並不全是如此，也會出現一些品質好的原石。

依照透明度與組成顆粒粗細區分

▎玻璃種

玻璃種是指無色透明的翡翠，就如同玻璃一般透明，肉眼看不見組成的顆粒，如果拋光完美，在翡翠表面更會造成「起熒」現象，商業上也稱「放光」。「起熒」是玻璃種翡翠的一種光學效應，專指在翡翠飾品內部出現的飄浮亮光，隨著翡翠飾品的擺動，亮光的位置也會移動。這是玻璃種翡翠極致的表現，常出現在蛋面、吊墜、手鐲上。「起熒」與翡翠的「螢光」反應無關，千萬不要搞混。螢光反應是指翡翠經過灌膠，在紫外線螢光燈下會發出白色螢光，主要就是矽膠造成的。記得 18 年前，我這傻小子在第一次到香港廣東道買貨搜集標本就發生有趣的事：那時看見路邊有人在賣手鐲，我問老闆這是不是水晶手鐲，她說：「年輕人，這是玻璃種的手鐲，包你賺錢，一只 1 萬臺幣就好。」當時大學生畢業後薪水在 2 萬~3 萬左右，一只等於要三分之一薪水，一手（同一顆翡翠切出來的手鐲，不論幾只，稱「一手」）一共 12 只。我想了想覺得實在太貴了，誰會去買這無顏色的全透玻璃翡翠呢？但如今想買，找也找不到了，一只手鐲都可以換一棟房子了，千金難買早知道，所以說，擁有寶貴的翡翠知識，也要有膽識與眼光才行。一只玻璃種手鐲有可能是局部為全透玻璃種、大部分是冰種，這時可以稱為「冰帶玻璃種」手鐲。如果是大部分為玻璃種，帶一些冰種，就

▲ 玻璃種葉子「事業有成」（仁璽齋）

▲ 冰種飄藍花（仁璽齋）

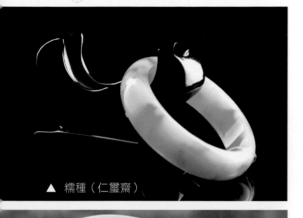

▲ 糯種（仁璽齋）

▲ 糯冰種（仁璽齋）

可以稱為「玻璃帶冰種」手鐲。在科學上的定義，把手鐲或蛋面、吊墜放在寫有文字的物體上面，若完全可以辨認出文字，就可以稱為「玻璃種」；如果是模糊不清，無法分辨出是什麼字就稱為「冰種」；如果隱約可以看出一些線或點就稱為「糯種」；完全看不見就稱為「豆種」。這是最簡單的分法，連小學生都會，但要注意這裡是指已經切磨好或雕刻好的成品，不討論樣本的厚度與雜質，因為翡翠的厚度會影響透光度。玻璃種的翡翠目前非常受到年輕人的歡迎，也是最值得投資與收藏的品種，全透、無白棉且放光是品質最好的玻璃種。

◀ 豆種（湯）

▌冰種

　　冰種翡翠就是透明度略低於玻璃種，通常會有些像白棉絮的雜質混在其中，肉眼仍然無法看見礦物結晶顆粒，稱為冰種。十幾年前的冰種白翡翠幾乎沒人要，無色冰種蛋面幾乎是幾百到上千臺幣就可以買到。時過境遷，現在沒有上萬甚至幾十萬，是摸也摸不到。常見的有冰種飄藍花或飄綠花。

▲ 冰種飄藍花（仁璽齋）

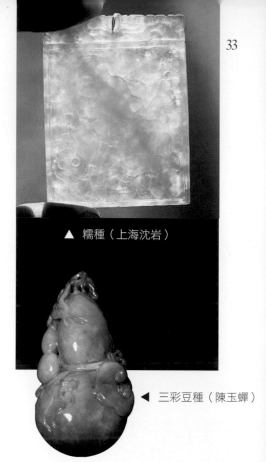

▲ 糯種（上海沈岩）

糯種

糯種翡翠的礦物結晶有微細的顆粒，肉眼並不是很容易觀察到，微微透明，可能帶紫色或綠色。

豆種

可再依顆粒粗細區分，完全不透明。豆種依顏色還可以分豔綠豆、淺綠豆、黃綠豆、白豆、灰豆、紫豆等。

◀ 三彩豆種（陳玉蟬）

 ## 依照顏色區分

白底青

白底青是一種顆粒粗的山料，表面無風化皮，可以很清楚的看見底部呈現不透明白色，表面帶一團或一片豆綠或蘋果綠。常見的產品有手鐲、吊墜與雕件。價位算是便宜，大眾消費者都可以買得起，小產品幾千元臺幣就可以入手。白底青目前在市面上越來越少見，喜歡的人看到就要趕快下手。

▶ 白底青雕件
（葉金龍）

花青

花青的顏色範圍相當廣，可以是冰種花青、豆種花青，只要是不均勻的綠都可以叫花青。這是市面上最常見的品

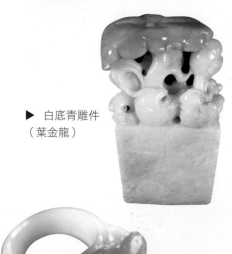

▲ 白底青馬鞍雕花戒指（純翠堂）

種,透明度可以從透明到不透明,甚至帶一些雜質,例如黑色礦物。花青的價錢依翠綠顏色的深淺與多寡、透明度高低與礦物結晶顆粒大小而定。2010 年筆者前往廣州莘林玉市考察,看見一個小攤位,有一手花青種寬版手鐲 8 只,很翠綠,半透明。綠色部位占了二分之一到三分之二。隨口問了價錢,聽到後差點暈倒:1,600 萬人民幣!老闆說有人出過 1,000 萬不賣,至少要 1,200 萬才肯賣,光這一手手鐲就要上億人民幣,所以千萬別小看小攤位的實力啊!由此可知,花青種價差極大,豆種花青便宜的只要幾萬臺幣,玻璃種花青貴的可以達數千萬臺幣,消費者可以依照自己的經濟能力來挑選。

▲ 花青種原石剖開面　　　　　▲ 花青種雕件(仁璽齋)

▌金絲

　　金絲翡翠的綠色呈絲狀與條狀分布,而且是明顯平行排列。質地大多為不透明或微透明。綠色的分布可粗可細,顏色可深可淺綠。若綠色面積大一點,價錢就高一點。基本上算是中價位的,通常從幾千到幾十萬元不等。

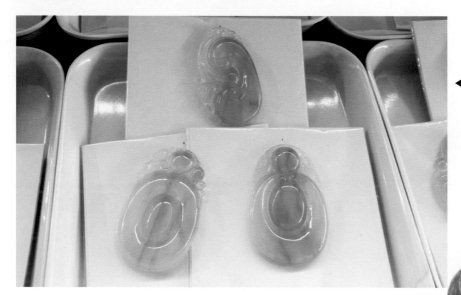

◀ 金絲種如意吊墜

▶ 油青種手鐲

▌油青

　　許多學者認為油青種由綠輝石的主要礦物與硬玉所組成。油青種翡翠的顏色帶有灰綠或是灰藍色,可以不透明到透明。色調偏暗,表面具有油脂光澤。這顏色比較受到中國北方人喜愛,中國南方的消費者比較喜歡顏色翠綠點的。油青種的價位偏低,通常幾千到幾萬元就可以買到。

芙蓉

芙蓉種顧名思義，是指顏色像芙蓉的葉子。帶一點黃綠色，微透明，可以是糯種或冰種。一般市面上不常見，價錢的高低依綠色分布均不均勻、顏色深不深而定。與花青種的差異就是綠色中帶有一點黃色。算是中低檔的翡翠，也就是在幾萬到幾十萬元之間。

▲ 芙蓉種吊墜（純翠堂）

黃帶綠（黃加綠）

黃帶綠是目前常見的品種之一，常做成吊墜、手鐲、把玩件、擺件。黃色主要是翡翠表皮受風化而產生。水石（原石）幾乎都有玉皮，很多賭石都是黃加綠，就看綠色的深淺與面積分布。黃加綠通常為糯種或冰種。早期臺灣稱黃加綠為老玉，吊墜通常不貴，幾百到幾千臺幣就可以買到。但最近這幾年，黃加綠作品很受設計師與雕刻師的歡迎。著名的王月要設計師，最喜歡用黃加綠翡翠加上珊瑚或K金與結藝來設計，表現出中國古典女性風格，兩三塊翡翠串在一起，佩戴在旗袍上面，風情

▲ 黃加綠手鐲（純翠堂）

韻味十足。所以目前算是中高檔的翡翠，價格從幾萬元到好幾百萬都有。

紫帶綠（春帶彩）

紫色在緬甸又稱「春色」。紫帶綠早年在中低檔價位，主要是因為紫色多半不濃，而且以豆種居多。所以有一句話：「十紫九木」來形容紫色的質地。目前原石較缺少，價格也漸漸在提升，若紫色較深或綠色鮮豔一點就會價錢高一點。這個顏色受到很多人歡迎，尤其是雕刻師傅，最喜歡找來當素材使用，常見的有小把件與擺件。紫帶綠目前算是中價位的翡翠，從幾萬到幾百萬元都有。

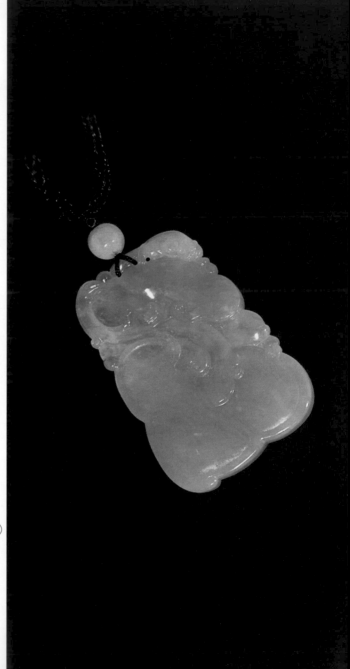

▶ 黃加綠吊墜（徐翡翠）

▶ 春帶彩仕女雕件（翠靈軒）

三彩玉

又稱「福祿壽」，特色是 3 種顏色混在一起。最常見的是綠、白、黃，有的是紫、綠、黃。也有 4 種顏色紅、黃、綠、紫混在一起的，又稱「福祿壽喜」，人生該追求的都有了。沒有人不喜歡多彩又吉祥的翡翠，所以這在臺灣玉市賣到缺貨。三彩或四彩的翡翠常用在吊墜與擺件，屬於中高價位，從幾萬到上千萬元都有。各地的人都非常喜歡這品種，通常店家只要一介紹完，就會很快售出。

▲ 三彩糯種手鐲（仁璽齋）

黃翡、紅翡

故老相傳紅翡是古代墓葬挖出來的殉葬品，是被人血浸染造成的顏色。這聽起來有點恐怖，但沒有科學根據。人過世後不久，血液就凝固了，根本不可能滲入玉石裡。真有變了色的古玉（白玉），大多也是因為地下水裡面含鐵較高，接觸玉器後氧化變紅。市面上的翡翠幾乎都是這幾十年來的作品，明、清時流傳下來的寥寥可數。翡翠原石經過數百到幾千年流水的搬運，在河床裡滾動，跟空氣與水接觸氧化，初期會變黃色，氧化程度再深一點就會變成深紅色（黃色主要是由褐鐵礦致色，紅色主要是因為赤鐵礦致色）。不管變紅與變黃，基本上大致都保留了原來翡翠的結構。黃翡與紅翡基本上都是以豆種不透明居多，少數會達到糯種或冰種。質地是評估黃、紅翡價值最重要的因素之一。黃、紅翡也是雕刻家的最愛，許多把玩件與擺件都是利用翡翠本身的俏色與巧色，將作品表現得栩栩如生，維妙維肖。最高檔的黃翡稱為「雞油黃」，帶一點油脂光澤，價錢從幾萬到幾十萬都有。深紅翡滿色鐲子比較少見，價錢也不便宜。

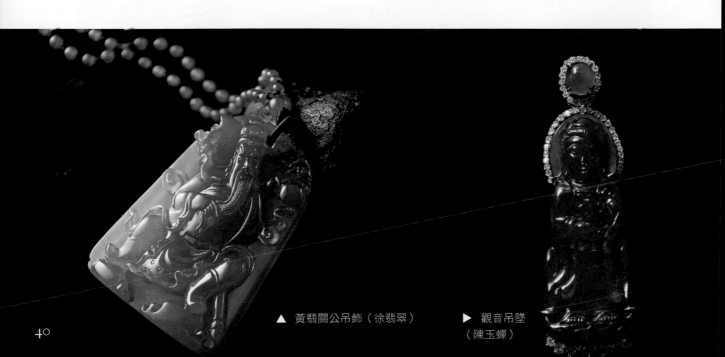

▲ 黃翡關公吊飾（徐翡翠）　　▶ 觀音吊墜（陳玉蟬）

▌紫羅蘭

　　紫羅蘭翡翠的顏色可以分成粉紫、藍紫、茄紫
3 種色系，主要是因為含有錳元素而致色。每一種
色系都各自有深淺之分。紫色翡翠通常質地較粗，
80% ～ 90% 都是豆種，只有少數為糯種或冰種。知
名品牌「昭儀」推出新品牌「翠品屋」，其中「昭
儀之星」，由重達 9,499 克拉紫色頂級玻璃種翡翠，
搭配鑽石、紅寶、藍寶鑲嵌而成，成為最近紫色翡
翠的一個亮點。緬甸公盤有一塊重 6 公斤的冰種紫
羅蘭翡翠，經過激烈競標，被買家炒到接近 2 億元
人民幣，足見高檔紫羅蘭翡翠的價位可媲美綠色翡
翠。十幾年前筆者曾經在臺北光華玉市買到一手紫
羅蘭手鐲，冰種紫羅蘭帶點綠，平均一只約 1 萬元，
但現在也要好幾十萬才可以買到。喜歡紫羅蘭的消
費者通常年紀較輕，大概在 30 ～ 40 歲上下，超過
50 歲的消費者通常會挑綠色多一點的翡翠。

▲　濃粉紫紫羅蘭葫蘆吊墜（仁璽齋）

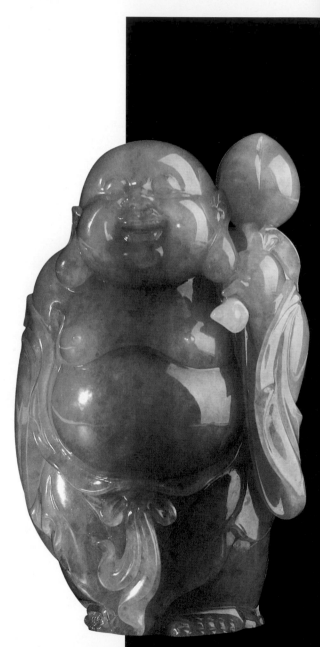

▲　佛公擺件（翠靈軒）

墨翠

墨翠主要是由綠輝石礦物所組成。1993年筆者在臺大地質系時就接觸過墨翠，當時臺灣高鈺公司提供了標本，利用電子探針分析後，發現氧化鉻 (Cr_2O_3) 含量為 0.02%、氧化鐵 (FeO) 含量為 3.58%，是造成外表呈現黑色的原因之一。雖然外表看起來是黑色，但在強光（手電筒）下則會呈現墨綠色。當初在臺灣銷售，備受消費者青睞，一只手鐲當時售價大約 8,000 到 1 萬元。在 2000 年 9 月的世貿珠寶展上，一個大拇指頭大小的戒面約 1 萬元左右。1999 年筆者帶學生去緬甸旅遊考察翡翠，在仰光翁山市場參觀珠寶店，店家拿了 3 片切好的墨翠要賣給我，一片 9,000 臺幣，每一片可以切出 2 只手鐲，2 個大吊墜，數顆蛋面。

▲ 墨翠戒指（上海沈岩）

當時想，這墨翠還要找工人加工切磨挺麻煩的，就沒有買。回到臺灣後問珠寶店行情，平均售價一只手鐲當時要 2 萬~3 萬左右。2010 年暑假去廣州考察翡翠，我問了問華林玉市的商家，手鐲開價一只要 13 萬人民幣，我還以為聽錯，隔壁更開價 15 萬。我澈底崩潰了。我真是不識貨啊，有好幾次進貨機會都沒把握，真是可惜啊！經過這 3 年，相信墨翠價格會再繼續往上漲。挑選墨翠時要注意，在強光燈下照射，內部須無白棉，且呈現墨綠色才行。許多墨翠吊墜都雕成了佛像，以現今出神入化的雕刻技術，不管身材比例或五官神韻，都莊嚴慈祥。同時結合拋光與亞拋光的對比，呈現不同風味。

▌乾青（磨西西玉）

乾青種的顏色較為豔綠，但不同於翡翠的綠，直覺非常不自然。通常與鉻鐵礦伴生（黑點處），外表不透明，水頭差。乾青種大多數用來做成雕件與珠鍊，市價不高。筆者 17 年前去緬甸買了一塊與白色鈉長石共生的乾青種翡翠，大概 300 元臺幣，沒想到在緬甸出關時卻被沒收，這是一塊很好的標本，可以觀察到翡翠與鈉長石共生礦的樣子。後來在臺灣建國玉市買到一塊 700 元的小印鈕，也有共生礦物存在，皇天不負苦心人，千里迢迢去緬甸沒帶回來，反而在臺北讓我找到標本。

▶ 乾青種白菜雕件（湯）

▲ 烏雞種玉璽（仁璽齋）　　　　　　　　　　▲ 仿烏雞種青花閃玉

▌烏雞

　　會稱做烏雞種，必定是與烏骨雞的顏色有關。它是一種灰黑色到黑色的翡翠。這品種在市面上不多見，很多人會誤以為是大理石。根據歐陽秋眉的研究，烏雞種主要組成礦物以硬玉為主，微透明到不透明，玻璃光澤，表面有時會呈現網狀紋路與黑花斑紋。筆者曾在朋友的店裡看見幾件烏雞種的印璽，底部是灰黑色，上面是翠綠色的巧雕，非常難得。若是單純的烏雞種，價位應該不貴，但要是出現高翠，行情可就扶搖直上。

 ## 依照產地、開採時間區分

▌鐵龍生

　　「鐵龍生」是緬甸話「滿綠」的意思，也是一個礦場的所在地，是 1998 年左右臺灣

44

市場最熱門的話題。其特徵為有翡翠般的翠綠色,並夾雜許多黑色斑點,大多為不透明,而且多裂縫,其中還有些比重低於 3.32。筆者曾分析過 6 個標本,得知其主要成分為輝玉與鈉鉻輝石,若比重稍低者,則含有大量鈉長石。由於顏色太漂亮了,因此剛從香港引進時,曾造成臺灣市場一片混亂。有些鐵龍生玉因含較多鈉長石,多裂紋且質軟,因此不得不去黃灌膠處理。至於比重較重、裂縫較少者,則以 A 貨的形式出現,價錢也比較貴。當時以一串直徑 7 ～ 8mm、16 吋長的珠鍊為例,B 貨大約 4、5,000 元,A 貨則要 2 萬到 4 萬元左右。鐵龍生的翡翠與玻璃種翡翠價差很大,消費者應注意。

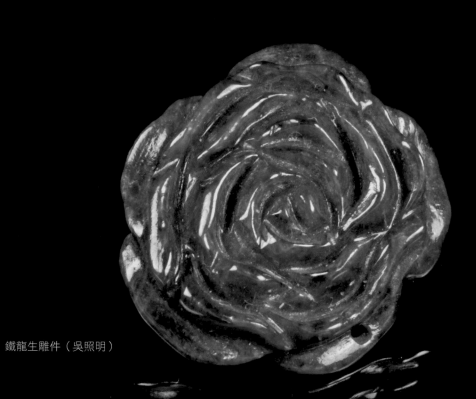

▶ 鐵龍生雕件(吳照明)

八三種

　　八三種是 1983 年在緬甸發現的新玉礦，原石不透明且質地鬆軟，顏色為淡蘋果綠，並常出現淺紫色。由於此翡翠質地鬆散，因此商人多將它送去做「B 玉」處理。經過優化處理後，質地通透，綠色部分會加深，因為價錢便宜又好看，所以整個市場充斥著八三玉。早年在臺北建國玉市原本販賣 A 貨的老闆紛紛加入八三玉的行列，因為八三玉的原料便宜，優化處理後的成品乾淨又漂亮，許多不知情的消費者趨之若鶩。以一只手鐲為例，20幾年前剛開始賣 1 萬元，這幾年大家都懂了之後，只能賣 3、4,000 元左右。這種翡翠外表所灌的膠接觸熱後容易受風化變黃，就算再次拋光，也不會再光亮如新。

▲ 八三種原石局部有綠有紫　　　　　　　　　▲ 八三種礦原石整體

依照裂紋區分

▌雷劈種

　　光聽這名字就可以想像這石頭像是被雷打到，上面布滿裂得亂七八糟、沒有一定方向的小裂紋。雷劈種通常為小蛋面居多，帶一點灰綠或藍綠色，不透明。在玉市場上的價錢很便宜，大概是一顆幾十塊到上百塊。形狀也不是磨得很對稱，常常歪一邊，一看就知道是緬甸那邊磨出來的。

◀ ▲ 雷劈種原石

3

翡翠的分級制度

 中國國家標準

　　就像鑽石有鑽石的分級制度，例如 GIA、HRD、EGL 等。翡翠也應該有一個分級標準。當然這不會由西方人來做，只能由憐香惜玉（翡翠）有 7,000 年歷史的中國人來制定。而且中國人也有這條件與把握做好翡翠的分級這項工程。雖然說有商家、學者、專家、政府單位許多不同角度的看法與意見，也知道推行到消費者之間需要時間與人力、物力來推廣，但是總要有一個起頭，如果有任何的小缺失，可以日後再慢慢修正。

　　由中國國土資源部珠寶玉石首飾管理中心組織制訂的《翡翠分級》國家標準，於 2008 年 12 月 10 號通過全中國珠寶玉石標準化委員會全體委員審查，2009 年 6 月 1 日由中國國家品質監督檢驗檢疫總局、中國國家標準化管理委員會正式批准發布。2010 年 3 月 1 日開始實施，這是中國關於玉石分級的國家級標準。

　　《翡翠分級》國家標準界定了翡翠的定義、翡翠分類，規定了天然未鑲嵌及鑲嵌、磨製、拋光翡翠的分級規則。

1. 翡翠的定義

　　翡翠是由硬玉或由硬玉及其他鈉質、鈉鈣質輝石（鈉鉻輝石，綠輝石）組成的，具

工藝價值的礦物集合體，可含少量角閃石、長石、鉻鐵礦等礦物。摩氏硬度 6.5～7，密度 3.34(+0.06,-0.09)g/cm³，折射率 1.666～1.680(±0.008)，點測 1.65～1.67。

2. 翡翠的分類

翡翠顏色非常豐富，按照顏色色調主要可分為無色翡翠（顏色飽和度低於 5%）、綠色翡翠、紫色翡翠、紅黃色翡翠幾個大類。

3. 翡翠的分級

《翡翠分級》中國國家標準是從顏色、透明度、質地、淨度 4 個方面對翡翠的品質進行級別劃分，並對其工藝價值進行評估。

依顏色分級

當透明度、質地、淨度相同時，有顏色的翡翠價值要遠高於沒有顏色翡翠的價值，因此在顏色分級是翡翠分級的重點。顏色分級包括色調分類、彩度分級、明度分級 3 部分。

A. 色調分類

在可見光的光譜中，綠色的左右分級是藍色和黃色，所以高檔翡翠顏色（綠色）除了正綠色外還經常伴有藍色調和黃色調。翡翠（綠色）色調分為：綠（G）、綠（微藍 bG）、綠（微黃 yG）3 個類型。不管偏黃或是偏藍都會影響翡翠價值。

B. 彩度分級

彩度就是人們通常說的顏色飽和度，也稱濃度。按照顏色濃淡的程度將翡翠彩度分為 5 個級別：極濃 Ch1、濃 Ch2、較濃 Ch3、較淡 Ch4、淡 Ch5。顏色越淺越便宜，越濃則價值越高。

C. 明度分級

明度是指翡翠顏色的明暗程度，即俗稱「濃陽正勻」中的「陽」。按照翡翠的明度分為 4 個級別：明亮 V1、較明亮 V2、較暗 V3、暗 V4。翡翠越亮越貴，越暗價值越低。

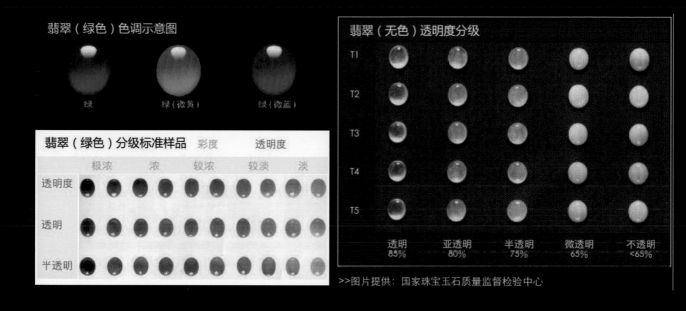

▲ 翡翠顏色分級表（引自王曼君《翡翠分級國家標準簡析》，《翡翠界》2012 第 2 期）

依透明度分級

　　翡翠的透明度是指翡翠對可見光的穿透程度。翡翠（無色）透明度分為 5 個等級。透明 T1（玻璃地）、亞透明 T2（冰地）、半透明 T3（糯化地）、微透明 T4（冬瓜地）、不透明 T5（瓷地 / 乾白地）。翡翠（綠色）透明度受到顏色影響，彩度升高，明亮降低，透明度也會隨之降低，排除顏色對透明度的影響，翡翠（綠色）的透明度分為 4 個等級。透明 T1（玻璃地）、亞透明 T2（冰地）、半透明 T3（糯化地）、微透明～不透明 T4（冬瓜地～瓷地）。

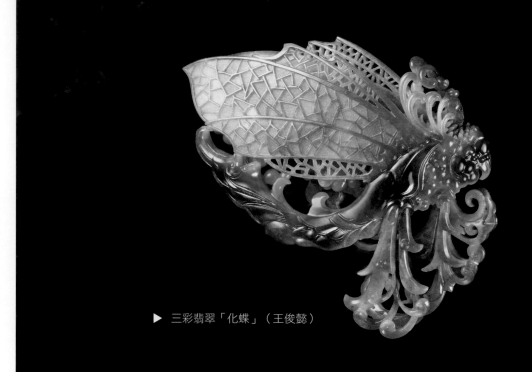

▶ 三彩翡翠「化蝶」（王俊懿）

依質地分級

翡翠質地的細膩或粗糙程度是由晶粒的大小決定的，晶粒小，則質地細膩，晶粒大，則質地粗糙。質地級別根據翡翠組成礦物的顆粒劃分為 5 個級別：極細 Te1(d<0.1mm)、細 Te2(0.1 ≦ d<0.5mm)、較細 Te3(0.5 ≦ d<1.0mm)、較粗 Te4(1.0 ≦ d<2.0mm)、粗 Te5(d ≧ 2mm)。

依淨度分級

根據翡翠內外部特徵（內含物）對整體美觀和耐久性的影響程度，將淨度分為 5 個級別：極純淨 C1（幾乎無影響）、純淨 C2（有輕微影響）、較純淨 C3（有一定影響）、尚純淨 C4（有較明顯影響）、不純淨 C5（有明顯影響）。

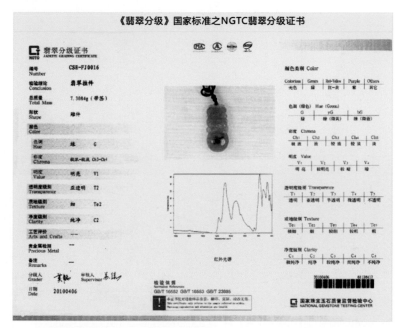

▲ 中國國家標準之 NGTC 翡翠分級證書
（引自王曼君《翡翠分級國家標準簡析》，《翡翠界》2012 年第 2 期）

其他顏色分級（同上）參考綠色翡翠分級，例如紅翡、紫羅蘭、黃翡與多彩翡翠等。

翡翠的工藝評價

高超精湛的工藝能凸顯翡翠原料的美，賦予翡翠更高的價值。工藝評價可分材料運用設計評價（設計評價、材料運用評價）、加工工藝評價、磨製（雕琢）工藝評價、拋光工藝評價。

翡翠的質量

翡翠的質量用克（千克）表示，同等材質、加工工藝前提下，質量越大價值越高。

中國國家翡翠分級證書經由中國多位學者專家與業者合作，制定出劃時代的翡翠分級

標準，是一種科學上的創舉，也是一種突破。在鑑定上必須要有專門訓練，並配合標準的比色圖或比色石，以降低人為誤差，建立公信，讓更多人願意將高檔翡翠送交鑑定，商家既可以確保自己貨品聲譽，消費者也可以知道買到的翡翠是怎樣的品質等級。

中國翡翠分級制度雖然已實施，但要業界與消費者認同，需要至少 3 到 5 年時間去推廣與教育。首先要知道，翡翠的顏色變化因素太多了，依照傳統分法有所謂的「三十六水，七十二豆（綠），一百零八藍」，其複雜性可見一斑。除此之外，工藝評價上的材料運用與設計評價非常主觀，也會影響評定出來的結果。在中國推動翡翠拍賣的萬珺老師更說，翡翠標準忽略了形狀問題，2 顆種、水、色差不多的戒面，因為不同的弧形、不同的厚度，如果是高檔的翡翠，在價差上將是相差好幾倍以上。

翡翠買賣自古以來就是一個非常神祕的行業，除非買家自己入了行，不然往往售價差異可是非常大的，因為每個賣家都想獲取最大的利益。翡翠這一行幾十年來都是買賣雙方經過一番討價還價，你情我願之下達成交易；現在商家將鑑定等級依據做為定價參考，消費者透過翡翠分級，心裡也有一個底價來跟業者談價。國家嚴格把關翡翠分級鑑定，商家誠信賣出有政府把關的翡翠，價錢在市場機制下自由運作，政府、業者、消費者達到三贏的局面，這是最好不過了。

 ## 歐陽秋眉標準

在《翡翠分級》國家標準之外，關於翡翠的分級，最早就是歐陽秋眉教授所提的翡翠 4C2T1V 標準。歐陽老師致力於翡翠研究，不論是在研究、教學、著作、鑑定上都是全心全力，一生奉獻於推廣翡翠教育，在翡翠界裡無人不知，無人不曉。其地位德高望眾，「翡翠皇后」的稱號是當之無愧。

4C

1. 顏色 (color)

歐陽對翡翠顏色的分級有 4 大原則：濃 (Intensity)、正 (Hue)、鮮 (Saturation)、均 (Evenness)。

A. 濃。指顏色的飽和度，也指顏色的深淺。極濃為黑色，極淡為無色。依照分級可以分極濃（肉眼感覺暗）、偏濃（色調較深）、適中（色調恰到好處）、稍淡（色調清淡）、偏淡（有色但偏淡）、極淡（肉眼感覺無色）。

B. 正。指色彩的純正度。綠色翡翠的色相變化在於黃色至藍色之間，以正綠色最佳。顏色的純正對其價值的高低有很大影響。翡翠純正度有6級，可分偏黃、稍黃、正綠、稍藍、偏藍、偏灰。

C. 鮮。指顏色的鮮豔度。由灰色到極鮮豔有 0 至 100 的變化。和其他寶石一樣，越鮮豔的翡翠價值越高。行內稱鮮陽度。可分成6級：很鮮、鮮、尚鮮、稍暗、暗、很暗。

D. 均。不均勻是翡翠顏色的特點，由於翡翠是由無數小結晶體組成，每塊翡翠顏色不可能均勻一致。翡翠顏色均勻度可分成6級：非常均勻、均勻、尚均勻、不均勻、很不均勻、非常不均勻。

2. 工 (cut)

翡翠成品的切工評級應從以下幾個因素評定：造型、切工（工藝）、比例、對稱、完成度。

3. 淨度 (clarity)

翡翠淨度是指內部瑕疵多少的程度。影響翡翠淨度因素可分下面幾種類型。按顏色分類可以分成：死黑（長柱狀角閃石，芝麻狀黑點）、活黑（深綠色鈉鉻輝石，邊上有擴散綠色暈）、棕色（由次生礦物組成）、白色（主要是閃石礦物組成）。按淨度級別分成：乾淨、微花、小花、中花、大花、多花。

4. 裂紋 (crack)

裂紋對翡翠成品有負面的影響，裂隙又分張性裂紋和剪性裂紋。裂隙是評定翡翠價值時很重要的因素。裂隙依照出現部位、長短、裂紋類型可分成 6 級：無裂紋、微裂紋、難見紋、可見紋、易見紋、明顯裂紋。

2T

1. 透光性 (transparency)

翡翠可透過的光越多，它的透明度就越高，呈現晶瑩剔透的樣子。行內稱「水頭足」或「種好」。

翡翠透光度分 6 級：非常透明（玻璃種）、透明（次玻璃種）、尚透明（冰種）、半透明（次冰種）、次半透明（似冰種）、不透明（粉底）。

2. 結構 (texture)

翡翠的結構是指晶體的粗細、形狀與結合方式，而且結構與透光性密不可分。根據結構顆粒可分成 6 個等級：非常細粒、細粒、中粒、稍粗粒、粗粒、極粗粒。

1V

體積大小 (volume)

對高價翡翠來說，體積對價錢影響更大。

歐陽老師對翡翠分級的看法獨到，以多年研究累積的經驗，製作出現今大眾耳熟能詳的翡翠等級分類，實在是非常了不起，且對初學翡翠者與市場實踐者都有很大的助益。筆者因為從學生時代起就是一直看歐陽老師的書成長的，當然要大力推薦這樣的好書。詳細的翡翠 4C2TIV 翡翠分級內容請詳閱歐陽秋眉、嚴軍著的《秋眉翡翠實用翡翠學》。

摩伕標準——翡翠級別標樣集摘要

摩伕認為，翡翠劃分的標準以綠為主，從粗到細，從簡到繁，且價值越高劃分越細。翡翠的價值應根據以下幾點判斷：翡翠的顏色、翡翠的結構（種）、翡翠的透明度、翡翠的底、翡翠的設計及作工。

翡翠的「色」

翡翠品質的好壞，綠色是重要條件之一。綠色的色相十分豐富，變化多端，區分後主要常見的有黃秧綠、蘋果綠、翠綠、祖母綠、橄欖綠、墨玉、藍綠、灰藍、油青。翡翠的顏色分級如右。

翡翠的「種」

種，即翡翠的結構，指組成翡翠的礦物之結晶程度、顆粒大小、晶體形態以及它們之間相互關係的特徵。

種可分為老種（老坑、老場）、新老種（新坑、新老場）和新種（新坑、新場）。顆粒粗大，顆粒大小分布不均勻，雜質礦物含量多時，為新種或新老種；透明度好的，一般為老種，硬玉顆粒細小，雜質礦物稀少，顆粒排列方向有序。翡翠的玻璃底、糯化底、冰底一定是老種，而潤細底、潤瓷底、石灰底、灰底的，大多為新種或新老種，部分為老種。一般而言，綠色很純的翡翠為老種，但「豆種」為新老種，它綠色鮮豔，顆粒粗大疏鬆；紫色、紫紅色的翡，一般為新老種，有「十紫九木」之說。

祖母綠以下價格逐漸變低

逐漸變淡價格逐漸變低

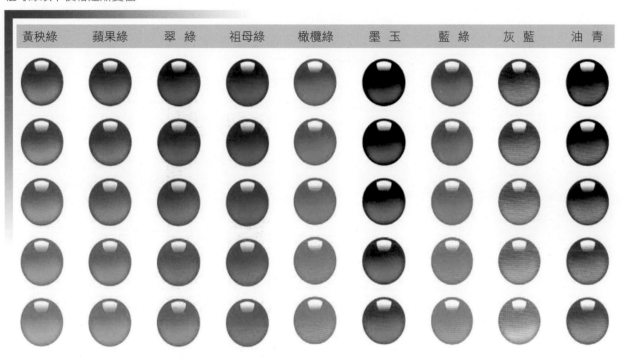

| 黃秧綠 | 蘋果綠 | 翠綠 | 祖母綠 | 橄欖綠 | 墨玉 | 藍綠 | 灰藍 | 油青 |

▲ 翡翠飾品色彩標本（引自摩休《翡翠標樣級》，《翡翠界》2012 第 2 期）

級別	純正程度	均勻程度	深淺程度	色澤	光譜波長
I 級	純正綠色，包括：祖母綠（深正綠色）、翠綠、蘋果綠及黃秧綠	極均勻	不濃不淡	艷潤亮麗	蘋果、黃秧綠 550-530 祖母綠、翠綠 530-510
II 級		整體綠色較均勻。其內有濃的綠色條帶、斑塊、斑點	整體綠色不濃不淡	艷潤亮麗	
III 級		整體綠色不均勻	整體濃淡不均，綠色較適中		
IV 級	微偏藍綠色（含淺淡正綠色、鮮豔紅色、紫羅蘭色、黃色）	整體偏藍綠色、均勻	不濃不淡	潤亮	510-490
V 級	藍綠色（含淡紅色、淡黃綠色、淡紫羅蘭色、淡黃色、純透白色、見綠油青及純透黑色翡翠）	整體藍綠色均勻	藍綠色 不濃不淡	潤亮	490-470
VI 級	藍、灰白色（暗藍色油青等）	均勻	不濃不淡	潤	470-

▲ 翡翠飾品顏色分級表（引自摩伏《翡翠標樣級》，《翡翠界》2012 第 2 期）

▌ 翡翠的「水」（透明度）

　　寶石、玉石的透明度是指其透過可見光波的能力，主要與寶石、玉石對光的吸收強弱程度有關。透明度是評價翡翠的重要標準之一。影響翡翠透明度的因素有：翡翠的內部結

構、晶質類型、顏色、厚度、雜質元素、雜質礦物等。翡翠的透明度可分為：透明、亞透明、半透明、微透明及不透明。

級別	透明度	陽光透進度	常見品種
I 級	透明	10mm 以上	純淨無色老種玻璃底品種
II 級	亞透明	6mm ～ 10mm	部分淺綠老種玻璃底品種
III 級	半透明	3mm ～ 6mm	特級翡翠常出現此級
IV 級	微透明	1mm ～ 3mm	部分特級翡翠及綠色濃者含雜質粒粗者
V 級	不透明	陽光透射不進	色濃、地差、雜質多，粒度粗細不均者

▲ 翡翠飾品透明度分級表（引自摩依《翡翠標樣級》，《翡翠界》2012 第 2 期）

翡翠的「底」

「底」的含義是翡翠的綠色部分及綠色以外部分的乾淨程度，與水（透明度）及色彩之間的協調程度，以及「種」、「水」、「色」之間相互映襯關係。翡翠的「底」從好到壞，可分為：玻璃底、糯化底、糯玻底、冰底、潤細底、潤瓷底、石灰底、灰底等。

翡翠的設計及作工

翡翠評估的物理三要素：

- 翡翠的原料品質要好，色彩豐富，要以綠為主，其色、種、水、底要上乘。這是第一條件。
- 設計與作工要有創意、新穎。
- 翡翠飾品的年代遠近：清代及民初的翡翠作品價值高，因為有文物價值。鑑別翡翠原料或作品的好與差時，需要綜合評價。

摩依老師是地質背景出身的，除了對翡翠頗有研究外，也是彩寶專家。筆者在學生時期也經常看老師的翡翠研究發表報告，深知老師經常進入緬甸礦區研究翡翠地質結構與坑口，分析礦物組成與結構，利用地質專業運用在賭石上，毫不保留的將自己經驗分享在《摩依翡翠級別標樣集》內，將市場常見的綠色分成黃秧綠、蘋果綠、翠綠、祖母綠、橄欖綠、墨玉、藍綠、灰藍、油青等，再依照質地透明度與顏色飽和度來製作翡翠圖譜，並且提出有年代的明清老翡翠具有投資收藏價值的觀念。由於對翡翠在中國的演進瞭如指掌、成就非凡，因此常受到電視媒體與翡翠界雜誌等採訪，大膽的預言翡翠的未來走向，道出投資翡翠需要小心泡沫的警訊。老師的前瞻性是有理論與根據的，翡翠已經漲過頭了，到了需要市場重新盤整的階段。摩老師是一位有理論基礎與市場實戰經驗的學者，在業內人人尊稱之為「摩公」，可見他在翡翠界地位之崇高。但他謙卑虛心，不忘提攜後輩，是晚輩尊崇與景仰的學習榜樣。

 ## 雲南省標準

2009 年雲南省起草了地方標準 DB53/T302-2009《翡翠飾品品質等級評價》，經雲南省品質技術監督局批准並報國家質檢總局備案，正式發布實施。翡翠評價體系解決的是品質「好壞」的問題。透過「種」（質地）、「水」（透明度）、「色」（顏色）、「工」（工藝）、「瑕」（淨度）、「綜合印象」幾個評價標準，對翡翠飾品品質等級採「5+1評分法」，消費者可以知道所購買的翡翠飾品究竟屬於哪個等級，才能安心消費。雲南是一個旅遊區域，根據雲南省珠寶玉石品質監督檢驗研究院鄧昆院長指出，2000 ~ 2010 年高檔翡翠式品漲幅超過百倍，中高檔翡翠飾品漲幅有幾十倍，2010 年下半年翡翠價格就上漲約 30%，高過黃金、鑽石等珠寶的漲幅許多。大部分消費者都具有購買能力，但因不知道自己購買

的翡翠是何等級而望之卻步，從而影響翡翠業的快速發展。所以恢復消費者的信心，透過有公信力的檢測單位，重建翡翠的市場秩序刻不容緩。

質量等級（Quality）	等級代號		對應分值（分）
上品（Top Grade）	一級	TG1	900～1000
	二級	TG2	800～899
	三級	TG3	700～799
珍品（Treasure）	一級	T1	650～699
	二級	T2	600～649
	三級	T3	550～599
精品（Very Good）	一級	VG1	500～549
	二級	VG2	450～499
	三級	VG3	400～449
佳品（Good）	一級	G1	350～399
	二級	G2	300～349
	三級	G3	250～299
合格品（Qualified Feicui）	不分級 ——		——

▲ 翡翠飾品 5 檔 12 質量等級劃分（引自摩伏《翡翠標樣級》，《翡翠界》2012 第 2 期）

項目	顏色（水）	透明度（水）	淨度（瑕）	質地（種）	工藝（工）	綜合印象
質重（%）	40	26	12	6	6	10
分值（分）	400	260	120	60	60	100

▲ 翡翠飾品質量等級「5+1 評分法」（引自摩伏《翡翠標樣級》，《翡翠界》2012 第 2 期）

質量等級 飾品類型	上品三級	珍品三級	精品三級	佳品三級	合格品
手鐲	10-20	4-7	0.8-1.5	0.08-0.12	< 0.08
掛件	4-6	1.5-3	0.3-0.5	0.03-0.05	< 0.03

▲ 2010 年度雲南翡翠價格指數表（單位：萬人民幣／克，引自摩伏《翡翠標樣級》，《翡翠界》2012 第 2 期）

中國國家標準	雲南標準	歐陽秋眉	摩休	傳統
顏色（綠色為例） 1. 色調。分為綠 G、微藍綠 bG、微黃綠 yG。 2. 彩度。分為極濃 Ch1、濃 Ch2、較濃 Ch3、較淡 Ch4、淡 Ch5。 3. 明度。分為明亮 V1、較明亮 V2、較暗 V3、暗 V4。	**顏色** 根據色調、純正程度、均勻程度、濃淡程度、色澤劃分級別。由高到低依次分為正色 S1、近正色 S2、優良色 S3、較好色 S4、一般色 S5。	**顏色** 4 大原則：濃（色調，顏色的飽和度）、正（色相，色彩的純正度）、鮮（色彩，顏色的鮮豔度）、均（均勻）。各分為 6 個級別。	**顏色** 綠色是重要條件之一，以綠色為主分為 6 個級別。	**顏色** 綠色為佳，標準為濃、陽、正、俏、和。
透明度 分為透明 T1、亞透明 T2、半透明 T3、微透明～不透明 T4。	**透明度（水）** 分為透明 M1、亞透明 M2、半透明 M3、微透明 M4 和不透明 M5。	**透光性** 行業人士稱之為「種」或「水」，分 6 個級別。	**透明度（水）** 可見光波的能力。透明度分為 5 個級別。	**水** 視覺上的光澤、潤度，與質地也有一定關係。
質地 分為極細 Te1、細 Te2、較細 Te3、較粗 Te4、粗 Te5。	**質地（種）** 分為極細粒 Z1、細粒 Z2、中粒 Z3、粗粒 Z4。	**結構** 指晶體的粗細、形狀及結合方式；行業上稱之為「地」或「質」。	**結構（種）** 礦物的結晶程度、顆粒大小、晶體形態以及它們之間相互關係的特徵。分老種、新老種和新種。	**種** 廣義，質地＋透明度，玻璃種、冰種、糯化種、豆種都是廣泛的概念。
淨度 分為極純淨 C1、純淨 C2、較純淨 C3、尚純淨 C4、不純淨 C5。	**淨度（瑕）** 分為極微瑕 J1、微瑕 J2、中瑕 J3、重瑕 J4。	**淨度與裂紋** 淨度分 6 個級別，裂紋分 6 種類型。	**底** 綠色部分及以外部分的乾淨程度，與水（透明度）及色彩之間的協調程度，以及「種」「水」「色」之間相互映襯關係。分為 8 種。	**裂、綹、黑點等瑕疵**
工藝 分為材料運用設計評價、加工工藝評價、磨製工藝評價、拋光工藝評價。	**工藝（工）** 款式設計、造型、雕工精細度、拋光程度等。	**工** 主要從造型、切工、比例、對稱、完成度等因素評定。	**設計、作工**	**工藝**
質量 同等條件，質量越大價值越高。	**綜合印象** 顏色、透明度、淨度、質地、工藝等方面結合其歷史文化內涵、製作者、體積、稀有性、創新性等綜合評價的總體印象。分 4 個等級。	**體積**		

▲ 翡翠分級幾種標準比較（引自西格爾《讓標準成為定價的基礎》，《翡翠界》2012 第 2 期）

 阿湯哥標準

　　看了以上中國國家標準、歐陽秋眉標準、摩伕標準、雲南省標準後，筆者也綜合歸納出簡易的翡翠分級圖譜，讓消費者在選購時可以按照這分級去對比。當然翡翠顏色的複雜與多變，相對簡單的分類真的是難以包羅萬象，不足之處就只能夠從買賣實戰中吸取經驗了。

　　參考以上多種分級方法，筆者歸納出圖示翡翠分級法「2C2T+ 工藝評價」：

2C

1. 顏色 (color)

就是大多數專家學者認可的濃（飽和度）、陽（明亮度）、正（色相）、勻。

a. 濃度 (Intensity)，就是綠色翡翠的深淺程度，分成 5 級：

極濃	濃	較濃	較淡	淡
ch1	ch2	ch3	ch4	ch5

b. 明度 (Saturation) 就是綠色翡翠明亮程度，分為 4 級：

明亮	較明亮	較暗	暗
V1	V2	V3	V4

c. 色相 (Hue)，就是顏色是否偏色調，分成 3 級：

綠	黃綠	藍綠
G	yG	bG

d. 均勻度 (Evenness)，翡翠綠色占總面積的百分比。可分為 6 級：

非常均勻	均勻	尚均勻	不均勻	很不均勻	非常不均勻
95% ～ 100%	85% ～ 95%	70% ～ 85%	60% ～ 70%	30% ～ 50%	20% 以下
E1	E2	E3	E4	E5	E6

▲ 實物顏色對比演示，從左到右戒指界面的顏色越來越淡。

2. 淨度與裂紋 (clarity+crack)

就是雜質與絡裂（絡是指玉石中的複合或充填物質，裂是肉眼可見的縫隙）。絡裂是因為受到板塊運動推擠岩石而產生，形成的因素有張力與剪力兩種。幾乎所有翡翠都有大小不等的裂紋，大到好幾公尺，小到需要顯微鏡觀察。硬玉有兩組解理面，受到外力撞擊就會沿著解理面形成裂紋。雜質與裂紋通常形影不離，不管是雜質或是裂紋都會影響翡翠價值，因此把這兩項合併在一起討論。

以下將淨度分成 6 級：

乾淨	輕微雜質	微雜質	明顯雜質	嚴重雜質	非常嚴重雜質
0% ～ 5%	5% ～ 10%	20% ～ 30%	30% ～ 40%	50% ～ 60%	70% ～ 80%
cl1	cl2	cl3	cl4	cl5	cl6

翡翠的雜質可能是黑色角閃石，或者是鉻鐵礦，也可能是棕色礦物與白色絲狀閃石類

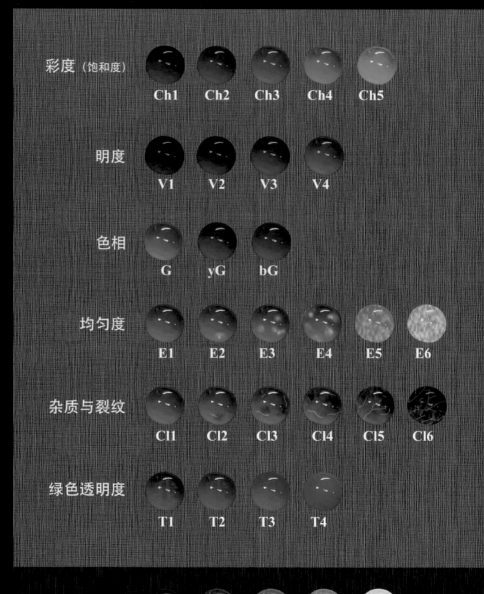

▲ 翡翠顏色、雜質、透明度圖示

浅绿到蓝绿（绿色系）

浅蓝到灰蓝（蓝色系）

黄色到黄褐（黄色系）

橙红到红（红色系）

蓝紫色系

茄紫色系

粉紫色系

灰色到黑色

▶ 翡翠顏色（不同色系）對照表，消費者可以拿出翡翠對比接近的顏色

白色透明到无色

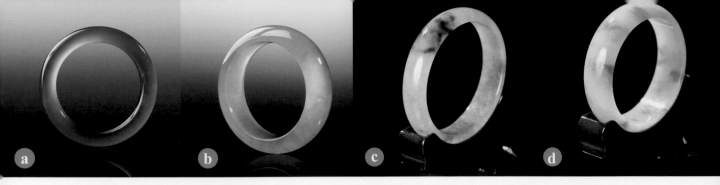

▲ 標號為 a、b、c、d 的四只翡翠手鐲的顆粒度大小呈依次遞增狀況，
透明度也越來越差

礦物。裂紋出現在翡翠內最令人無法容忍，尤其是在翡翠手鐲內。如果是高檔翡翠，幾乎都要求必須是輕微雜質以上。明顯雜質幾乎不可能發生在戒面上，而有嚴重裂紋的翡翠幾乎都拿去做雕刻品或低檔的珠子。

2T

1. 透明度（transparency）

透明度就是指光的穿透程度，與顆粒結晶大小有關，結晶顆粒越細，排列就越緊密，透明度便越高；反之，結晶顆粒越粗，排列鬆散，則透明度越差。另一方面與組成礦物也有關係，組成礦物成分越多越雜，透明度越低。經化學成分分析，玻璃種白翡主要成分中的硬玉高達 92% 以上，由此可以證明。最後就是顆粒排列的方向，方向越一致，透明度越高，排列方向越混亂不規則，就越不透明。傳統上我們說透明度高叫「水頭長」，透明度低叫「水頭短」。要看透明度，需要用手電筒打光看穿透度。綠色透光度可分 4 級：

透明	亞透明	半透明	微透到不透明
T1（玻璃地）	T2（冰地）	T3（糯化地）	T4（冬瓜地～瓷地）

無色翡翠分級可分為 5 級：

透明	亞透明	半透明	微透明	不透明
T1（玻璃地）	T2（冰地）	T3（糯化地）	T4（冬瓜地）	T5（瓷地）
3 分水以上	2～3 分水	1～1.5 分水	半分水	
透光 9mm 以上	透光 6～9mm 以上	透光 3～4.5mm 以上	透光 0.5～1mm 以上	基本上不透光

透明度與翡翠的厚度有關，也與雜質有關。

2. 結構（texture）

結晶顆粒大小與礦物結晶的速度有關。依照礦物顆粒大小，可將翡翠質地分為 5 個等級：

極細	細	較細	較粗	粗
Te1	Te2	Te3	Te4	Te5
d<0.1mm	0.1 ≦ d<0.5mm	0.5 ≦ d<1.0mm	1.0 ≦ d<2.0mm	d ≧ 2mm
10 倍放大鏡下見不到顆粒	10 倍放大鏡下可見顆粒	肉眼仔細看可看見顆粒	肉眼可見顆粒	顆粒相當明顯

顆粒大的稱為豆種，有粗、中、細豆之分，豆種價位算是較低的。

▍翡翠的工藝評價

超高精湛的工藝能夠凸顯翡翠原料的美，賦予翡翠更高的價值。在這裡可分成素面與雕刻花件品的評價。評價外型輪廓、對稱性、比例、拋光都可以適用以下評語：

極好	非常好	好	普通
Ex(Excellent)	Vg(Very good)	G(Good)	P(Poor)

1. 素面評價

包含外型輪廓、比例、對稱性、大小、拋光這幾方面。

a. 外型輪廓，要求弧面圓滑流暢。

b. 比例，就如同人的身材要有固定比例。

c. 對稱性，就是上下左右要對稱，不可歪斜，在緬甸製作的戒面早期弧度都是歪斜的，為了節省玉料，犧牲了美觀。

d. 大小，是評估翡翠價值的主要因素，包含重量與體積、厚度。體積越大，價值越高，而且價位不呈等比級數。大小包含翡翠重量與尺寸大小（長、寬、厚），同一塊料做出 1 個觀音與做成 2 個觀音價錢當然不一樣。1 顆老坑玻璃種蛋面，跟 2 倍大的同品質蛋面翡翠，2 倍大蛋面翡翠價錢不止 2 倍價錢。厚度薄的馬鞍戒容易撞裂，厚度太

▲ 不同比例身材的佛公，翡翠體積大小不同，價差相當大。

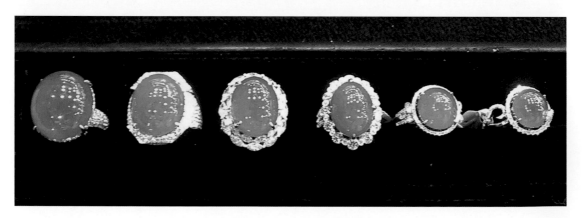

▲ 幾個不同大小的翡翠戒指比較

薄的翡翠大多數會充膠，因此厚度比例也是相當重要。

e. 拋光，要求到「放光」或「起熒」視覺效果最好，質地好通常光澤越好（玻璃種或冰種）。就現代工藝技術而言，拋光都不成問題，甚至舊料也可以重新拋光。

手鐲評比參照上述，要注意清末民初的手鐲圓度不高，重新拋光會失去歷史價值。手鐲切工最怕比例不協調，比方說口徑大，寬度小，手圍小，蛋面寬。通常圓條玉鐲內徑在 54-56mm，寬 9-14mm。扁條玉鐲內徑在 52-60mm，寬 9-20mm。鵝蛋玉鐲內徑在 40-45 或 52-56mm，寬 8-10mm。這樣的比例都是較好選擇。

2. 雕花工藝評價

可分為：整體外觀造型評價、設計創意評價、色彩布局評價、加工工藝評價。

雕花件種類繁多，小到小吊墜、玉牌，中到手把玩件，大到放在桌上、櫃子上的擺件、屏風，甚至半個人高的大擺件。會做成雕花件，就是因為有綹裂與雜質，必須透過雕工掩飾瑕疵。

a. 整體外觀造型評價：這是第一眼的直覺，也就是大家說的眼緣或玉緣。評價細節如雕刻對不對稱、人物眼神是否有神、身材比例是否過胖過瘦、彌勒佛肚子弧度是否到位、外形是否完整、底是否平整、動物造型是否生動立體、比例大小是否恰當等，有主觀也有客觀。

b. 設計創意評價：突破傳統主題，給人耳目一新，題材令人刮目相看、嘖嘖稱奇者，可以抽象也可以形象。如果是一般的創意，只能達到評定好 (Good) 的評價。「風雪夜歸人」（見 P.179）就可以達到極好 (Excellent) 的評價。

c. 色彩布局評價：這是在評估工雕師的美學功力。翡翠色彩變化多端，玉雕師必須隨著色彩應變，雕出最好的顏色，擺在正確與適當的位置上。如果能高明的將不討喜的顏色變成搭配整體構圖不可缺少的顏色，那就是天才了。如將大家不要的廢料如黑點與白棉，創造成下雪的雪花，你說這能不給他極好（Ex）的評價嗎？但如果只

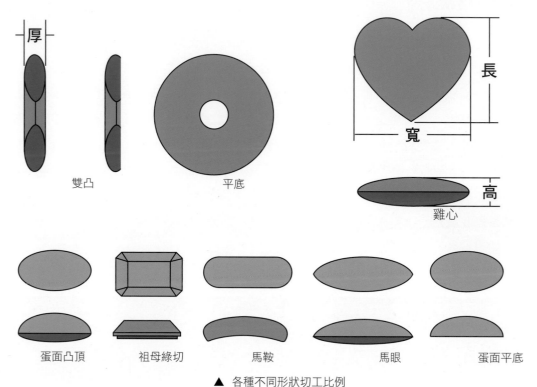

雙凸　　　　　　平底　　　　　　　　　　雞心

厚　　　　　　　　　　　　　　　　　　　長　　寬　　高

蛋面凸頂　　祖母綠切　　馬鞍　　馬眼　　蛋面平底

▲　各種不同形狀切工比例

　　有一種顏色就不評比。

d. 加工工藝評價：可分基本工夫與獨門工夫。通常的工藝水平都在好（G）到很好（Vg）階段。大師級的可達到極好（Ex）階段。剛入門 3 年內的學徒只達到好（G）～普通階段（P）。簡單來說就是要達到夠彎、夠細、夠長、夠薄、底部夠平整等水準。此外，線條大小是否均勻，弧度是否順暢，有無斷線，動物眼神是否銳利，螳螂腳上的小利刺是否清晰可見，蝴蝶翅膀薄度與觸鬚是否夠薄夠細，花瓶內壁可否達到薄如紙，鍊環大小是否均勻，拋光是否精細，會不會以工就料等都是評價項目。

名雕刻師落款

現代人講究工藝境界與工藝技巧,大師級的玉雕往往成為眾人爭相購買的焦點。如同國畫、書法、油畫大師一樣,玉雕大師的作品也值得關注。創作是種藝術,得用人的一生去體會,在不同環境成長會有不同創意與靈感,或悲傷或抑鬱,或趾高氣昂、意氣風發,格局、眼光、意境、題材更是不同。天地萬物都是題材,永遠引領人去追隨與模仿,這就是玉雕大師作品可貴之處。有些玉雕大師量產作品,也有些一年只有一到兩件作品,質與量是需要兼顧的,若能有機緣買到玉雕大師作品,就是跟大師心靈相通,意境與領悟相投,買家的品味、地位當然也自是不同凡響。仔細觀察,每位玉雕大師不同時期都會有不同創作,收藏家會收藏同一玉雕大師不同時期的作品,就好像收藏畢卡索、莫內作品一樣,當然增值性就相當高。

▼ 糯化種五彩翡翠仙螺王(王俊懿)

（鄒六）

（徐翡翠）

▲ 兩款不同造型的觀音，你喜歡哪一款？

▶ 玉葉（黃福壽）

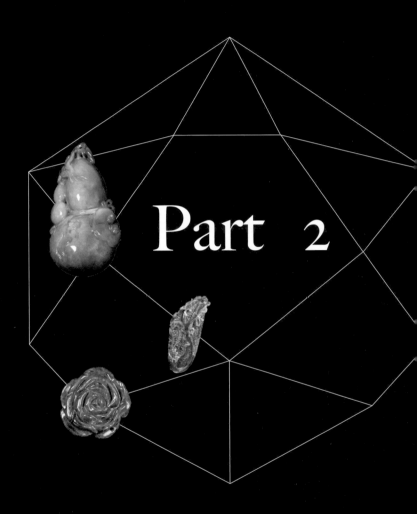

Part 2

1

翡翠與相似玉石的分辨

翡翠相當稀少，價錢比起其他天然礦物高出幾百甚至上萬倍，才會出現這麼多仿冒品（山寨版）。本單元除了讓消費者增加寶石知識外，也避免消費者花大錢買到其他像翡翠的礦物。

▌ 岫玉

市面上最常見的玉石，主要產於遼寧省岫岩縣，以蛇紋石為主，伴生礦物為透閃石、滑石、方解石、磁鐵礦、硫化物。主要化學成份為含水的鎂質矽酸鹽類，比重 2.44 ～ 2.82，較翡翠輕很多，可以放在手上掂量比較。硬度在 5 ～ 5.5 左右，比軟玉還低。折射率 1.56 ～ 1.57，拋光之後沒有翡翠那麼漂亮出色。顏色有黃、黃綠、灰、白、黑、墨綠色，帶一點蠟狀光澤，內部常見白色雲霧狀的團塊，是鑑定時最容易判別的依據。以前許多到中國大陸探親的榮民會順便帶這種「中國大陸玉」回來各地菜市場或玉市兜售。一只岫玉珮，臺北建國玉市賣約 50 ～ 300 元。北京的潘家園也可以輕易買到。雕工普通的吊墜飾品，50 ～ 200 元都可以買到。幾乎所有初學翡翠者都會見到它，因為便宜也會買幾件回去當標本收集或送給親友。至於雕工精巧大器的擺件則常見在中國各地各大古玩古董店、珠寶城裡，很多餐廳、飯店也會買大型的岫玉雕刻品放在大廳，以增加氣派。

▲ 岫玉擺件

▲ 岫玉手鐲（湯）

酒泉玉

產在祁連山，為墨綠色的蛇紋石，大多製成茶壺、茶杯與手鐲，很多旅遊景點都有銷售。王翰這首聞名中外的《涼州詞》：「葡萄美酒夜光杯，欲飲琵琶馬上催。醉臥沙場君莫笑，古來征戰幾人回。」描寫邊塞風光，朗聲一讀，物換星移，彷彿親身處在邊塞軍營裡。這讓我回想恩師譚立平教授親自解說夜光杯由來的情景。根據老師解釋，夜光杯因為製作非常透與薄，當月圓的時候舉起酒杯，月光穿透薄薄的酒杯，就成了聞名遐邇的夜光杯了。筆者在北京的潘家園見到有攤商在賣，一只 1,500 ～ 3,000 臺幣左右。臺灣花蓮產黑色蛇紋石，也可以買到茶壺與茶杯。

▲ 酒泉玉酒杯、玉爵

獨山玉

　　產於河南省南陽縣獨山地區，又稱為獨山玉或南陽玉。獨山玉有很多色調，以綠、白為主，藍、灰色為輔。有紅棕、黃、綠、棕與黑等顏色，成散點狀分布，與常見翡翠顏色分布不太一樣。微透明到半透明，拿來做雕件的大多為不透明。細粒緻密結構，到中國大陸旅遊常會買到這種寶石。陳奎英小姐曾提供一塊標本給筆者做實驗，比重 3.35，硬度到 6 ～ 6.5，具玻璃光澤，比重與翡翠差不多，成分以斜長石、鈣長石、黝簾石、鈣鋁榴石、透閃石為主。在中國大陸一般的珠寶城與古玩城並不多見。

▲ 獨山玉擺件（劉海鷗）

◀ 獨山玉擺件（劉海鷗）

水沫子

自從玻璃種翡翠大賣之後，價錢連漲好幾十倍，連帶也把水沫子給炒熱起來了。所謂的「水沫子」，是鈉長石的集合體 $(NaAlSi_3O_8)$ 與少量的輝石類與角閃石礦物。折射率在 1.53 左右，比重大約 2.65，硬度約 6。乾淨透明類似玻璃種到冰種翡翠。有白色、黃棕色、黑灰色、藍色，其中常見到類似翡翠的「冰種飄藍花」。會叫水沫子的原因是它內部有如小氣泡般的微小白色泡沫成串出現。同樣大小的 2 只手鐲，水沫子很明顯比翡翠輕，另外輕敲聲音也比較低沉，沒翡翠悅耳。筆者曾赴雲南一遊，發現不管是在昆明還是瑞麗、騰衝都有許多商家出售水沫子。主要產品有蛋面、手鐲、吊墜、雕件等，成堆成堆供人挑選。若是玻璃種翡翠，那就嚇人了，隨便一個小地攤至少要好幾千萬的成本，由此可以推斷這一堆一堆應該是水沫子。小蛋面一顆幾百到上千元，手鐲以全透的最貴，有飄蘭花者最搶手。一只價位可以到 3 萬～ 4 萬臺幣，黃色半透價位在 1.5 萬～ 2.5 萬元。灰黑半透在 1.2

▲ 仿黃翡的水沫子手鐲

◀ 水沫子原礦

▲ 水沫子玻璃種手鐲（類似飄藍花）

▲ 水沫子墜子

▲ 水沫子白和黑色手鐲

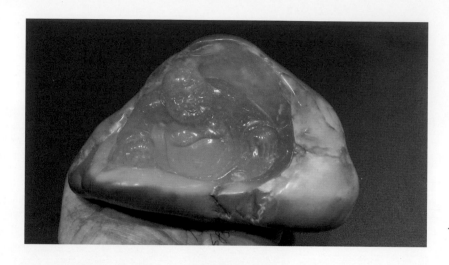

◀ 水沫子佛公雕件

萬～ 1.8 萬元左右。此外筆者在騰衝看見一大塊上百公斤水沫子帶蘋果綠的水料，以目前來說，漸漸很多人玩不起翡翠，退而求其次接受水沫子，被炒作的可能性大增。今年玉雕大師王朝陽也推出個人水沫子雕刻作品，把水沫子帶入藝術殿堂中，讓更多人可以了解與接觸收藏。

　　鑑定水沫子時以肉眼看雖然跟翡翠有差異，但是在不同燈光下還是容易搞混。要知道這價位與翡翠差了十萬八千里，所以買高檔翡翠還是要有鑑定書保障才行。鑑定可以從比重與折光率的差異下手。

▌澳洲玉

　　是一種含鎳 (Ni) 的綠色石英，半透明，玻璃光澤，隱晶質。比重只有 2.65 左右，折射率在 1.54。這是最常用來冒充翡翠的寶石，其特色就是顏色均勻，呈青蘋果綠，比較單調，沒有混色。最常見是做成戒面或珠鍊。品質好的澳洲玉，在香港珠寶展也賣得不便宜。很多人都想打開澳洲玉的市場，但是消費者一聽到成分是石英就不感興趣了。

▲ 澳洲玉（吳照明）

軟玉（閃玉、碧玉）

中國自古以來講究玉的文化，已經有
7,000 多年的歷史。這裡所講的玉，主要就
是軟玉。中國最出名的玉是和田玉，甚至
在 2008 北京奧運獎牌上還首度選用，揚名
全世界。在中國大陸懂軟玉的人太多了，
光在新疆和田做白玉的商家就超過 1 萬人。
分布在全國各地珠寶城與古玩城，各地大
大小小高級會所，從事軟玉相關工作的就
有好幾十萬到上百萬人，如果是愛好軟玉、
收藏古玉的人口，那就有可能超過千萬人
了。

軟玉主要成分為含水的鈣鎂矽酸鹽透
閃石或鈣鐵矽酸鹽陽起石所組成。主要顏
色為白色（最高等級為羊脂白，吃過烤全
羊的人就會懂）、灰色、綠色、暗綠色、黃、
黑色等。具有油脂光澤，不透明到微透明，
硬度 6 ～ 6.5。臺灣花蓮豐田玉，根據臺大
地質系譚立平教授的調查報告，臺灣軟玉
硬度最高可達 7.1 度。因此建議將軟玉稱之
閃玉（以角閃石礦物為主），才不至於發
生軟玉比硬玉還硬的窘境。折射率在 1.62。
主要產地在新疆的北部，天山與阿爾泰山、

▲ 臺灣玉擺件「比翼雙飛」（黃福壽）

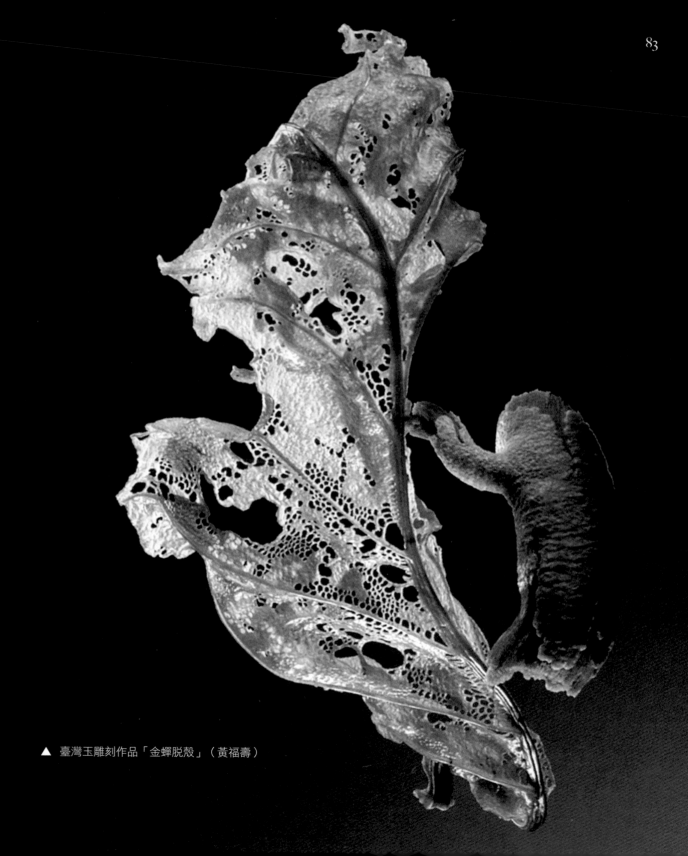

▲ 臺灣玉雕刻作品「金蟬脫殼」（黃福壽）

▲ 白玉仔料與表皮沁色（吳君）

▲ 和田白玉花瓶擺件（吳君）

青海、貴州等地都有發現。外國的產地有澳洲、加拿大、美國、紐西蘭、俄羅斯、韓國等。

很多初學者問我翡翠與軟玉如何分辨，最主要還是多看。兩者之間的色調是不同的，翡翠可以非常翠綠且多色混雜，軟玉就比較單調，綠中帶暗，兩者放在一起就可以明瞭。將翡翠與軟玉蛋面放入 3.3 比重液中。軟玉比重在 2.9 ～ 3.0，因此它會浮在比重液上，翡翠的比重 3.32 會沉在比重液底下。軟玉，尤其是羊脂白玉，價錢這幾年是算克來賣，高檔一點的羊脂白玉曾拍出 1 公斤 5,000 多萬的天價。很多人擁有原石也不賣，放越久賺越多，賣了反而買不回來。你會問到底翡翠和軟玉哪一種漲得快，我也說不準。一位做白玉的上海朋友，幾年前還是城隍廟附近的小攤販，賣的是一塊 1,500 ～ 5,000 元的山料白玉，如今搖身一變成為高級會所的總經理，出門開的是寶馬，住的是高級別墅，就只有 7、8 年時間，他見證了中國經濟起飛與白玉瘋狂飆漲的時機。他說他回不去了，人的一生就是這麼奇妙，每一個人的機會都是公平的，只要把握好時機，你也可以是下一個成功的人。

講到軟玉的玉雕，我不得不推崇一位好友——黃福壽大師，他給我的感覺就像是一塊

玉那樣古樸憨厚與內斂，我覺得做玉雕的朋友都有這特性，不擅於講話，也不懂交際應酬，一生就是為了玉而活。懂玉也融入玉，作品就是他的生命歷練與心情故事，永遠都有驚喜，處處都可以發現奇蹟。他是臺灣玉雕界的奇葩，國寶級人物，不管詮釋翡翠還是軟玉，對他來講都是游刃有餘。多說無益，大家請用眼睛與心靈去體會感受，肯定如沐春風，心曠神怡。

　　根據北京大學地球與空間科學學院王時麒教授，在 2011 年 11 月玉石學國際學術研討會「中國軟玉礦床的空間分布及成因類型與開發歷史」中提到，中國已知軟玉礦帶、礦床分布 20 多處，分布 10 多個省。

▲ 和田白玉觀音擺件（吳君）

1. 新疆自治區	崑崙山―阿爾金山礦帶，由西向東包括塔什庫爾干、葉城、皮山、和田、策勒、于田、且末、若姜，長約 1,100 公里。北疆天山―瑪納斯礦帶。
2. 青海省	中西部的東崑崙山礦帶，集中在於格爾木地區，包含三岔口、九八溝、拖拉海溝、沒草溝、萬寶溝、大灶火、小灶火、野牛溝等。北部祁連山，西部芒崖、中東部都蘭。
3. 甘肅省	東部臨洮馬銜山，西部安西馬鬃山。
4. 陝西省	陝南秦嶺鳳縣。
5. 西藏自治區	藏南地區，日喀則、那曲、昂仁、拉孜、薩嘎等地。
6. 四川省	川西汶川縣與石棉縣。
7. 貴州省	貴州南部羅甸縣。
8. 廣西自治區	中部大化一帶。
9. 福建省	北部南平地區。
10. 江西省	南部的興國和東北部戈陽。
11. 江蘇省	南部溧陽小梅嶺。
12. 河南省	西部的欒川。
13. 遼寧省	南部的岫岩和海城一帶，包括細玉溝、瓦子溝、桑皮峪等。
14. 吉林省	中部的盤石。
15. 黑龍江省	中部的鐵力。

▲ 中國軟玉分布

▌鈣鋁榴石

　　鈣鋁榴石是這 30 年來才出現在市場上的仿玉材料。因為產在青海，所以也有人稱「青海翠」，除此之外，新疆、貴州也有產。由於各地說法不同，在緬甸稱「不倒翁」，國際市場上有人稱「南非玉」。鈣鋁榴石的主要成分是鈣鋁榴石與少量的蛇紋石、黝簾石與絹雲母。外表通常為不透明到半透明，拋光後表面會出現油脂光澤，由淺綠到深綠色，常出現點狀色斑。很多商人都曾栽在鈣鋁榴石身上，花了不少冤枉錢。鈣鋁榴石比重在 3.6 ～ 3.72，比翡翠的 3.33 高。折射率在 1.72 ～ 1.74，也比翡翠 1.65 ～ 1.66 來得高。硬度 7 ～ 7.5，也比翡翠 6.5 ～ 7 硬。通常最快的檢驗方式就是翡翠在查爾斯濾色鏡下綠色部分不會變紅，而鈣鋁榴石會變紅。提醒一下消費者，最近市面上也出現黃色的鈣鋁榴石，肉眼看很接近黃翡，最好的方式還是測一下比重與折光率。要不然打一下拉曼光譜，馬上就可以得到答案。

▲ 水鈣鋁榴石（吳照明）

▲ 鈣鋁榴石成分電子顯微鏡放大照片
（引自湯惠民《輝物之礦物學研究》）

東陵玉（耀石英）

　　東陵玉是旅遊市場最常見的一種仿翡翠飾品，它其實是一種石英岩，內部含有片狀的鉻雲母，呈密密麻麻的點狀。在濾色鏡下觀察會變成紅色，最常用來做成手鍊，一串手鍊大概 150 ～ 250 元臺幣。

▲ 東陵玉手鍊（杉梵）

天河石

天河石屬長石家族，又稱為亞馬遜石，主要成分為鉀長石，為酸性偉晶花崗岩的造岩礦物，通常為綠色、天空藍、藍綠色。天河石常做成雕刻品、珠子、手鐲與蛋面。有經驗的翡翠商人很容易區分出來。天河石呈微透明到不透明，單晶體，可以清楚看到有規則的解理面（十字型網狀紋），與翡翠混雜的裂紋不同。比重比翡翠低，為 2.6，折射率 1.53，硬度 6～6.5，比翡翠略低，這些都是最好的區分方法。筆者赴昆明旅遊，拜訪一位好朋友雲寶齋，他店裡就有漂亮的天河石珠鍊與手鐲，是我多年來很少見到的。

▲ 天河石珠鍊（雲寶齋）

◀ 天河石手鐲（雲寶齋）

葡萄石

葡萄石是最近這 6、7 年來熱門的寶石。最初是從臺灣開始流行，這股熱潮持續延燒到中國大陸。據保守估計，當年每個月至少有好幾百公斤的蛋面葡萄石流入臺灣。葡萄石因外表結晶像葡萄形狀而得名，由葡利恩上校命名。葡萄石主要成分為含鈣鋁的矽酸鹽類，硬度在 6，比重 2.8～2.9，折光率在 1.61～1.63。大多為黃色、黃綠、翠綠、綠帶黃、淺藍色調。葡萄石裡面白色纖維狀結構與裂紋特別多，頂級的葡萄石翠綠的顏色很像玻璃

種老坑翡翠，這幾年也受到中國大陸消費者的追捧，10 克拉以上的黃綠色葡萄石，1 克拉可以賣到 1,000 ～ 1,500 元臺幣。品質再好一點，綠帶一點黃的，1 克拉可以賣到 1,500 ～ 2,000 元。

　　頂級翠綠色的葡萄石，1 克拉至少要 3,000 ～ 3,500 元才能買到。像這樣頂級的翡翠，至少 1 顆都要上百萬，因此說葡萄石是翡翠的最佳分身一點也不為過。挑選葡萄石除了要看顏色外，還要看它的乾淨度。葡萄石帶一點油脂光澤，偶而也會雕刻成吊墜。通常 30 克拉就很大了，很少超過 50 克拉。

▲　葡萄石蛋面

▼　葡萄石戒指

▲ 角閃石玉手鐲 　　　　　　　▲ 染色石英

黑色角閃石玉

廣州玉市曾出現一批黑色的角閃石玉，有的全黑，有的帶一點綠色斑點。表面光亮度不錯，價錢也不貴；可以定做手鐲尺寸，也可以打出證書。一個手鐲批發在 5,000 ～ 1 萬元臺幣左右，看有無雜質與裂紋；也有做成珠鍊，一串在 4,000 ～ 6,000 元左右。根據歐陽秋眉老師的說法，它的礦物成分主要是角閃石，有少量的硬玉成分。比重在 3.0，折射率在 1.62 左右。

馬來玉（染色石英）

筆者不知這種寶石為何會稱為馬來玉，因為它不是產自馬來西亞。它主要是染色的石英岩，是一種成本非常低的仿翡翠，近來已攻陷各大玉市與旅遊市場小攤販。1 個墜子開價 250 元，4 個 500 元。如果敢殺價，也可以開到一個 50 元。不管送婆婆媽媽還是送晚輩，只要花個小錢就可以見者有份。馬來玉一般只有一個顏色，通常都是綠色，裡面有蜘蛛網狀構造，前一段時間筆者到北京潘家園逛，也發現有紅色仿紅翡的戒面。

脫玻化玻璃

玻璃仿冒翡翠。這是在旅遊小販市場與玉市裡面常見的最低檔產品。主要分辨的方法就是內部有小氣泡。常聽說有爺爺奶奶留傳下來，很多人以為是了不得的寶物，後來一鑑定才知道是玻璃。一個只要 25 ～ 50 臺幣。

▲ 玻璃心形吊墜，內部有氣泡。

2

翡翠的優化處理與鑑定

▌翡翠的人工處理與鑑別

　　翡翠為何要經過人工處理，說穿了就是要讓翡翠增加顏色，以及去掉一些雜質。天然低檔的翡翠其實相當多，旅遊景點或玉市裡都有販售，價位在幾十元到幾百都有。那為何還要做處理呢？基本上商人這麼做是為了達到 2 個目的：第一就是要增加它的美觀，以吸引消費者購買；第二就是想以高價賣出低價翡翠，欺騙消費者。透過這些人工處理的程序，其實已經破壞了翡翠的價值，有些顏色經過日晒與空氣接觸沒幾個月就退色了。總之，消費者出門在外購買翡翠，就是不要貪小便宜，另外就是購買時應詢問這些翡翠是否經過染色、灌膠等處理。如果還是不放心，可以要求對方出具鑑定書。如果店家推諉，你自己心裡就有個底了。切勿花大錢跟流動小販購買，因為買完他就跑了，有問題也找不到人。另外就是到產地旅遊，不管是緬甸或是雲南瑞麗或騰衝等地方，一定要找熟人帶路或者是政府輔導的廠商，有些原石並非作假，但是切出來是沒有顏色的，雖然表皮有些綠色，切開後裡面是乾的，只能買來當標本。翡翠這一行學問很深，最好有行家指點，不然就得繳學費學經驗。

1. 焗色

就是透過火烤來改變原本褐色或黃色（含水氧化物褐鐵礦 $Fe_2O_3.nH_2O$）的表皮，變成豬肝紅色（赤鐵礦 Fe_2O_3），變成好賣相的紅翡，稱之為焗色。通常是準備一個鐵盤與細砂，放在火爐上均勻加熱翡翠，也有人放進烤箱內，緩慢加熱。材料必須挑選表皮帶有微黃或黃褐色風化的地方，才有辦法進行焗色。白色部分不論如何加熱也不會變紅色。早期有人利用火焰槍（水電工或者是鐵工焊接工具），對準翡翠可以改變外皮顏色的地方加以加熱，這種做法溫度過高，容易讓翡翠表面產生小龜裂紋，近來較少人使用。至於加熱多久才會變紅，要憑經驗，通常溫度不要超過200度，隨時觀察顏色變化，直到變成豬肝紅色就停止，再慢慢冷卻，從頭到尾大

◀▼ 焗烤的原石與擺件

概就幾十分鐘。要注意不要加熱過久，否則翡翠表面組織會產生變化乾裂，就失去價值與美感。

焗色的翡翠基本上只是經過瞬間加熱處理，接受程度因人而異。如果加熱不過度，有的還真的很難分辨。我個人還是喜歡天然的紅翡，看起來比較自然。筆者在瑞麗考察時，發現很多翡翠毛料就經過焗烤處理，變得非常深紅色，與天然的風化比較，顏色過紅，不太自然。

由於最近翡翠原石價格高漲，市場上能入手的原石幾乎都是帶玉皮的黃紅翡，不論是收藏原石，或是加工做小雕件或擺件都是不錯的選擇。紅翡如果達到冰種透明度就非常有價值，滿色冰種以上的紅翡手鐲更是稀有。筆者曾在一家攤商發現有幾件焗烤的小擺件，有時還會誤以為是古玉，因為風化時間較長而變紅，這點消費者要注意。如果你不會分辨天然或焗色紅翡，不妨問問商家，說自己喜歡焗烤的顏色，如果他說這些都是，那就對了。由於焗烤時沒有加入顏料，所以屬於優化方式，目前有些鑑定所會註明顏色有經過焗色，有些則不註明。

2. 染色

這是最老土也是最容易、最常見的做法，已經有好幾十年的歷史，是透過染色的顏料去改變翡翠的顏色。為何翡翠要染色？高檔有價值的翡翠一定不會去染色，染色的翡翠一定是挑選結晶顆粒粗、結構鬆散、孔隙大的翡翠毛料。如果想買染色的翡翠，也不必花大錢，超過 1,000 元就算太貴了。市場上的售價通常在 25 ～ 500 元之間。因此，不要羨慕別人可以戴一只滿綠手鐲出去逛街買菜，要知道，現在滿綠手鐲起碼都要 5,000 萬起跳，如果你買得起 5,000 萬的手鐲，基本上都是傭人幫忙買菜，不需要自己拋頭露面。很少有人會戴著一只超過千萬的滿綠手鐲在路上或商場上逛街，這種手鐲平常都是放在保險箱裡面睡大覺，只有重大場合、宴會時才會戴出來秀一秀。

▲ 瓷底的翡翠染綠成仿白底青，且是復古風

▲ 綠色墜子，全染

▲ 染色平安扣 c 貨，一個 30~50 元臺幣

▲ 天然 A 貨，你如何挑選

早期染色通常都是染到整個全綠，後來人們覺得這樣太假了，於是就染一小段或者一半，後來流行福祿壽三彩顏色，於是就染紫、紅、綠等顏色。染色基本原理跟染布原理差不多，首先要用稀酸清洗油汙與表面雜質，然後再經過烤箱烘乾加熱。經過加熱後，孔隙會擴張，然後泡在染色劑的桶子內，經過加溫，加速染料沿著晶體顆粒間滲透或者從裂隙充填進去。染色通常要一到數週時間，染完之後還要烘乾，最後在墩蠟處理，增加光澤與防止退色。最早比較差的染料，只要手摸幾下，就會掉色。經過改良，以高濃度的鉻鹽染成綠色翡翠，不過用這方式來染色很容易被發現，第一就是顏色非常不自然，第二就是若用 10 倍放大鏡觀察表面可以發現很多蜘蛛網狀色素沉澱構造，而且裂隙的地方沉澱特別明顯，這都是染色翡翠的特徵。

早期鑑定染綠色翡翠，可以透過查爾斯濾色鏡，這是一種只允許紅光或橙光通過的膠片，當染料是用鉻鹽的時候，在燈光下就會出現粉紅色或暗紅色。天然的綠色翡翠就會變成暗綠色或不變色。查爾斯濾色鏡在以前被稱為照妖鏡，很多商場業者都會變變魔術把戲，拿幾個鉻鹽染色的翡翠秀給大家看，然後再拿一個自稱天然的綠色翡翠出來比對，消費者在不知情的情況下就相信了。殊不知，只要是染料不是鉻鹽，在查爾斯濾色鏡下，是看不出來變紅色的，因此就中了商家的圈套。只能說，在濾色鏡下變紅色一定是染色的，不變色不代表是天然的。

染色的翡翠在鑑定所與珠寶業者稱為 C 貨，是沒有價值且不會增值的，現在的科技可以染到不會退色，除了染紅、綠與紫外，也會染黃與染紅。通常都是千篇一律，一大堆幾百上千件任君挑選，買超過 1,000 元就可能當冤大頭了。早年有些爺爺奶奶傳下來的寶物，也有可能是染色的，現在就可以從保險箱裡翻出來，肉眼觀察一下是否有色素沉澱與蜘蛛網狀構造，還是綠色早已退色了。如果自己不能確定，也可以就近送去檢驗，或者請熟的店家幫你代送鑑定。

要鑑定是否有染綠色，比較可靠的方式就是利用手持式分光鏡觀察，天然翡翠的綠色是由鉻 (Cr) 造成的，染色翡翠在紅光區有一片寬的吸收光譜，天然翡翠則只有437nm、630nm、655nm、690nm 吸收線。

3. 染紫色翡翠

紫色翡翠通常呈現片狀，很少呈脈狀分布，所以很少看見脈狀紫色翡翠侵入綠色翡翠中。染紫色翡翠通常是用含錳的有機染料，在濾色鏡下是沒有反應的。紫色通常由淺紫到深紫，在放大鏡下，淺紫並不容易被發現色素沉澱，深紫色翡翠因為稀有，十之八九都是染色的，且顏色非常不自然。通常可以利用紫外線螢光燈來觀察，染色的紫翡翠會有橙紅到粉紅色螢光反應，天然的紫色翡翠一般不會有螢光反應。

袁心強教授提到，天然紫色翡翠陰極發光顏色為鮮豔的橙紅色到紫紅色，利用無

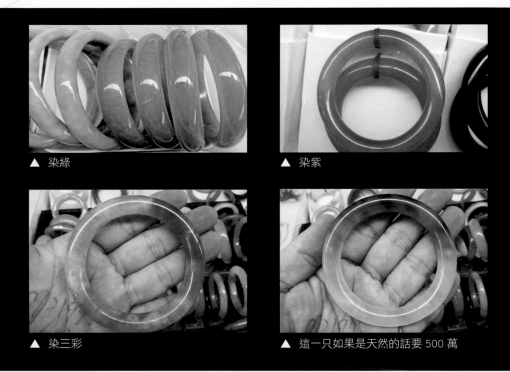

▲ 染綠　　　　　　　　　　　　▲ 染紫

▲ 染三彩　　　　　　　　　　　▲ 這一只如果是天然的話要 500 萬

色、白色或暗綠色等染色變紫色的翡翠則變暗紫、淡綠、黃綠色陰極發光。因此高檔的紫羅蘭色翡翠，還是要送去做陰極發光鑑定比較安心。

4. 塗膜處理

塗膜翡翠技術基本上沒人流傳出來。根據袁心強教授推測，可能是利用如塗指甲油的方式，將高揮發的綠色膠塗抹在戒面上。塗膜處理的翡翠通常都是雙面且滿綠，手摸起來有點黏，用力摩擦則容易脫膜。筆者曾經有學生去緬甸旅遊，跟路邊小販買了幾個滿綠蛋面翡翠，也不貴，1 個開價 10 萬，殺價到 1.5 萬元。一次就買了 10 顆，回家可以送給親友，挺有面子的。孰知拿去送鑲，不小心表面被刮掉一層皮，當場出糗。10 個被騙的經驗，10 個都是貪小便宜。滿綠陽色的蛋面，1 個隨便都要

▲ 假玉鍍膜珠鍊

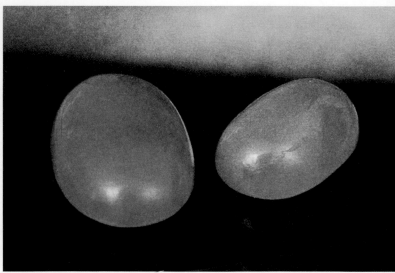

▲ 刮刮樂翡翠（吳照明）

好幾十萬起跳，貴的可到上百萬。當地小販能賣貴，肯定不會便宜賣給你，他們可都是識途老馬，身經百戰，只有你吃虧上當，沒有他捶心肝跳樓大拍賣的道理。

想不要上當也很簡單，如果他願意用小刀刮刮表面（臺灣俗稱刮刮樂），或者用打火機燒個 3 到 5 秒，就應該不會是塗膜的翡翠了。

翡翠 A、B、B+C 貨

早年翡翠加工到最後階段，都會泡在酸梅湯裡，以去除表面油垢汙漬，這方法不會破壞翡翠內部結構，也不會改變外表顏色。最後一道手續就是浸蠟拋光，增加光澤。翡翠經過這些手續完工後稱為 A 貨，相信很多讀者都已經了解了，也可以接受。

翡翠並不是天生都很乾淨，總是會帶有一些灰色或黃色調雜質，就會影響翡翠賣相。聰明的商家就想出去蕪存菁的方法，利用強酸浸泡翡翠，經過一段時間，把雜質酸洗掉，

但連帶也把翡翠結構給破壞了,部分的表面被侵蝕得一乾二淨,可以說是支離破碎,因此必須經過真空處理,將環氧樹脂灌入翡翠內部,以填補裂隙,這就是 B 貨。

在 1970 末～1990 初那幾年,翡翠市場歷經了一場空前大災難。好多人在香港不明就裡買到了所謂「去黃灌膠」的 B 貨。早年購買翡翠從來不會想到要鑑定,也不知道要去哪裡鑑定,有可能一輩子或者傳到了下一代都不清楚買的翡翠是否經過處理。很多人花了幾十萬甚至上百萬買的蛋面或手鐲,檢查出來有問題,變成店家與消費者的糾紛。在那年代,很少聽過什麼珠寶鑑定,就算是鑑定師,一開始也摸不著頭緒,搞不清楚來龍去脈,沒有使用科學儀器就把 B 貨當成 A 貨鑑定了。直到這些家庭工廠曝了光,事情才開始真相大白。

1980 年起,臺灣興起到香港批發翡翠,在那個年代,翡翠是很神祕的,沒有幾個人懂得看好壞,更不懂翡翠的行情與價值。大老闆喜歡就買,老實說那時候是賣家的天堂,只要有大客戶,套句俗話說,天天數錢數到手抽筋。當時的翡翠注重顏色與水頭。無色透明玻璃種的翡翠與紫羅蘭翡翠幾乎沒人要,便宜到幾百到幾千就可以買到蛋面或手鐲。

1990 年初臺灣開始興起珠寶鑑定熱潮,學習珠寶鑑定變成是一種風尚,幾乎班班客滿,消費者意識抬頭,懂得買珠寶要去做鑑定。記得 1993 年臺大地質推廣教育寶石班的課程上,1 個賣翡翠 20 幾年的老先生說他拿翡翠蛋面去修改拋光,沒想到會有燒焦的味道,跑來問我說:「老師,這翡翠真奇怪,我從來沒見過這種怪現象。」吳舜田教授在美國 GIA《G&G 雜誌》刊登了一個關於翡翠 B 貨的研究報告,利用傅立葉紅外光譜儀檢測出填充在翡翠表面的環氧樹脂,揭開翡翠 B 貨的神祕面紗,陸續引起更多人研究翡翠 B 貨,直到今天,翡翠 B 貨已經不再有人去討論,不管香港、臺灣、中國大陸,各大寶石鑑定所幾乎都會配備紅外線光譜儀或拉曼光譜儀,各大商家與商場為了商譽,也都自律標榜自己賣的是 A 貨,B 貨問題就漸漸消退,消費者買翡翠也都警覺要求鑑定報告。不過道高一尺魔高一丈,加工業者不會甘心商機就這樣斷送,一定有更新的處理方式正在悄悄進行,下一場硬仗何時開打還是未知數,消費者只能見招拆招,用智慧與理性來面對新的挑戰。

B 貨翡翠製作過程

1. 選料

選擇 B 貨翡翠原料,通常會找結晶顆粒較鬆散、質地較差的翡翠品種。最適合的品種就是八三種。八三種多為山料,塊頭大,用來做手鐲最好不過。其他像玻璃種或冰種的料,顆粒非常細,價錢昂貴,不會拿來製作。另外帶有黑癬的花青種,黑色部分為角閃石礦物,經過酸洗也不會清除(筆者也用鹽酸試過),因此也不適合。鐵龍生的翡翠有部分因為裂紋多,所以會直接做灌膠處理。

2. 切料

通常都會先切片取出手鐲與鐲心,還有一些切剩下的邊角料就直接拿去「去黃灌膠」。這樣的做法快速,且量非常大,後期再做雕刻與拋光的動作。

3. 泡酸漂白

將翡翠半成品放置在鹽酸或硫酸桶子裡面浸泡,放置 1 ～ 3 星期,時間長短各憑經驗,跟酸性液體濃度有關。這道手續的目的就是要去除掉表面雜質、黃褐與灰黑色。但這真是莫大的諷刺,很多人做 B 貨賺了錢,但是黑心錢賺不久,因為早期設備簡陋且在密閉空間加工(怕被鄰居發現),很多人不懂得加裝抽風設備,長期吸入濃酸的空氣,聽說很多人都做不超過 10 年就因肺部疾病去世了。後來想活久一點的商人,都得戴防毒面具進行加工。

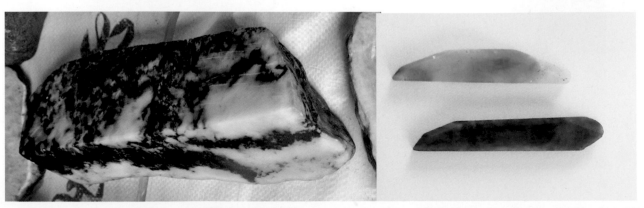

▲ 黑癬原石,無法泡酸去除黑色角閃石　　　　▲ A、B 貨原料切片,上方是 B 貨,下方是 A 貨(吳舜田)

4. 鹼洗增加孔隙

為了要讓翡翠孔隙加大，通常還會浸泡強鹼氫氧化鈉 (NaOH)，這種方式已經澈底破壞翡翠的結構，幾乎可以輕易捏碎，並非所有工廠都會進行這道手續。

5. 灌環氧樹脂

這道手續非常重要，也是鑑定翡翠是否為 B 貨的主要證據。經過酸鹼兩道手續，翡翠已經支離破碎、面目全非，這時候必須充填環氧樹脂（無色），來增加強度與透明度。環氧樹脂種類繁多，主要挑選流動性高，固結能力強為原則。經過酸鹼浸泡後的翡翠加以烘乾，然後置入密閉容器內抽至真空，然後將環氧樹脂灌入，並持續增加壓力，使環氧樹脂澈底將孔隙充填完整。

6. 凝固

在環氧樹脂尚未凝固前，把翡翠半成品取出，利用鋁箔紙加以裹覆外表加溫烘烤，溫度要適中，避免溫度過高，使樹脂發黃，也不能溫度過低，使凝固不完全，這全靠師傅經驗。鋁箔紙是為了避免翡翠半成品凝固後互相黏在一起。

7. 切磨拋光與雕刻

B 貨翡翠以手鐲、吊墜、蛋面、珠子居多。將這些半成品外的鋁箔紙拆開後，就可以加工製成成品。

▲ 難得一見的八三玉種山料（帶紫色、綠色）　　▲ 筆者在姐告邊境與八三玉料合影

▲ 灌膠處理的 B 貨

▲ B 貨平安扣

▌ B 貨翡翠的鑑別

1. 酸蝕紋的有無

「橘皮效應」是翡翠 A 貨在拋光平面上，透過反射光觀察，會出現類似橘子皮一個個大小、方向不同的凸起與凹陷的特徵。「橘皮效應」只有在 A 貨中才表現得比較突出，並且凸起與凹陷之間的界線逐漸平滑過渡；B 貨中凸起與凹陷之間不是平滑過渡，而是有一道道裂隙隔開，猶如蜘蛛網狀的裂隙紋路，稱之為「酸蝕紋」。這樣的講法看似簡單，但是實際觀察必須要有相當經驗，稍不小心也容易判斷錯誤，只能當作判斷 B 貨的方法之一。

2. 顏色變化的自然與否

B 貨翡翠的外觀綠色與白色對比比較鮮明，絕對沒有黃、灰褐色等雜顏色，只保留綠色、紫色、黑色部分，且部分雜質空位已經被環氧樹脂充填置換，被侵蝕的空位就顯現出特別白或透明。袁心強教授提到，B 貨翡翠有「色形不正」、「色浮無根」、「種質不符」等特徵，這些都是許多行家觀察的總結。色形不正，指的是翡翠顏色過於鮮豔，底色過於乾淨。這跟筆者所說的顏色對比明顯相符合。色浮無根是指綠色與底色的界線模糊，顏色有飄在上面的感覺。種質不符，就是明明是顆粒粗，卻是水頭好又乾淨，違背了天然翡翠的常律。

▲ 時間久了，B貨手鐲便無法恢復原來的光澤

▲ 聽翡翠聲響清脆度辨別A、B貨

▲ B貨翡翠浮在比重液上

3. 表面光澤是否偏黃

B貨翡翠因為灌了樹脂，跟空氣接觸久了之後就會氧化，尤其常處在高溫的環境（廚房）下更容易風化變黃。因此觀察B貨翡翠都可以看見表面有一些微黃的光澤。另外遭受風化的外表，光澤就會變差，但是無法再拋光回原來光澤，A貨翡翠只要重新拋光就可以恢復原來的光澤。

4. 敲擊的聲音是否清脆悅耳

翡翠A貨手鐲經瑪瑙棒或錢幣放在耳邊輕輕敲擊，可以聽到清脆悅耳的聲音。翡翠B貨因為受到樹脂充填裂隙，因此聲音會變得悶悶的，不夠清脆。通常購買翡翠，老闆都會表演給你看。要注意手鐲需要用細繩綁住，不可以用手拿。這方法只能用來輔助觀察，因為部分A貨手鐲質地較差，顆粒鬆散，也會造成聲音低沉，容易造成誤判。少部分B貨手鐲，因為泡酸時間短，或是只有局部灌樹脂，聲音也相當清脆，一時難以分辨，這點要非常注意。

5. 比重液的差別

經過酸洗灌樹脂的B貨，因為有樹脂成分，會造成比重降低。因此我們可以將翡翠放入二碘甲烷的比重液中，A貨翡翠比重約3.32～3.45，比重液比重在3.3，所以A貨翡翠會沉入比重液底下。經過實驗測量的B貨戒面比重通常在2.93～3.21，會浮在比重液上。要注意的是墨綠色翡翠（綠輝石）與鈉長

石的比重較低，也會懸浮在比重液上。這方法比較可靠也方便，有 9 成的可信度。要注意比重液都有劇毒，操作時必須保持空氣流通，使用完後要馬上洗手，觀察時最好暫時閉氣幾秒鐘。

6. 紫外螢光反應

天然翡翠在紫外螢光燈下通常沒有螢光反應，B 貨翡翠則有強的藍白色螢光反應。影響因素就是充填樹脂的種類，以及部分浸蠟也有弱到中等的藍白螢光反應。因此螢光反應也只能提供準確率 7 ～ 8 成的參考價值，不能做為百分百的鑑定依據。

7. 摩擦生熱法

我的學生鄭燦煌先生發現，將翡翠戒面摩擦生熱，可以吸引小小衛生紙屑。這是樹脂摩擦後產生靜電，非常符合科學原理，在任何地方都可以操作。不過此方法要看天氣溼度，還有摩擦的熱度，衛生紙屑大小（2 ～ 3mm 長）都是影響因素。看到這裡你可以試試身手，將翡翠在毛料衣服快速摩擦約 30 秒，直到手感覺燙為止，再將翡翠輕輕碰一下紙屑，如果能吸引起來就是 B 貨了。不能吸引起來的，不代表就是 A 貨，準確程度大約 90%。

▲ 用紫外線螢光燈檢查翡翠有無螢光

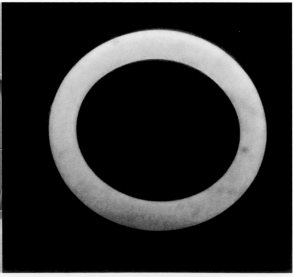

▲ B 貨手鐲特別的螢光反應（吳照明）

8. 紅外光譜檢定

紅外光譜是目前最科學、最準確、最靈敏、最快速檢測翡翠的方法，B 貨裡面是否含有環氧樹脂，只要一試便知。它解救了翡翠低迷的市場，讓消費者重拾對翡翠的信心。主要是用來鑑定物質的化學組成，透過離子振動來測定物質是否含水，對於有機物偵測最靈敏，常用在紡織、化工、材料科學方面。

袁心強教授提到，天然翡翠的吸收波峰與 B 貨翡翠吸收波峰差異在於：B 貨吸收波峰在 2870cm^{-1}、2928cm^{-1} 和 2964cm^{-1} 有 3 個吸收峰，其中 2964cm^{-1} 最為明顯。值得注意的是，翡翠中若含有蠟或油的話，也會出現不同的吸收波峰：2850cm^{-1}、2925cm^{-1}、2960cm^{-1}。蠟或油的吸收波峰以 2925cm^{-1} 最強，樹脂則以 2925cm^{-1}、2960cm^{-1} 強度相當，形成雙峰。在判讀的時候需要特別注意。

9. 拉曼光譜檢定

拉曼光譜儀是研究物質分子結構和檢測物相的現代光譜學方法與技術，多利用來鑑定礦物種類，也可以用來鑑定 B 貨翡翠。

拉曼光譜檢定的優點是不受鑑定物大小、厚度與透明度影響，不會破壞鑑定物，也

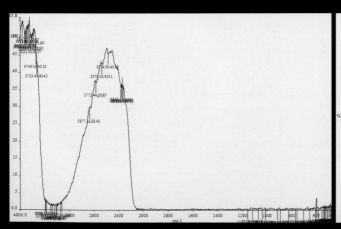

▲ A 貨翡翠紅外線光譜（吳照明）　　　　　▲ B 貨翡翠紅外線光譜（吳照明）

不需要拔下戒臺。可以利用顯微鏡對焦，針對寶石內含物去分析成分，快速且準確。缺點是容易在激發光源下產生較強的螢光反應，會影響測試結果。對於灌樹脂量少或者是檢測點不含樹脂時會產生誤判為 A 貨情況。所以必須多偵測不同部位，建議正反面各偵測 5～10 點。

林益弘 (1995) 提到輝石的拉曼震動模型，在 0～600cm^{-1} 有鎂鐵鈣與氧的震動，在 600～1200cm^{-1} 有矽與氧的震動。峰形寬度與位移方向都會隨著鐵含量增減而位移。筆者分析 13 件翡翠樣品，天然翡翠的拉曼光譜在 200～1200cm^{-1} 波數間有 375cm^{-1}、700cm^{-1}、989cm^{-1}、1038cm^{-1} 等 4 個明顯的拉曼峰，與袁心強教授的資料 378cm^{-1}、702cm^{-1}、993cm^{-1}、1041cm^{-1} 接近吻合。989cm^{-1} 與 1038cm^{-1} 波數屬於矽氧四面體中 Si-O-Si 對稱振動峰。700cm^{-1} 和 375cm^{-1} 波數屬於 Si-O-Si 不對稱彎曲振動峰。主要強度是在 700cm^{-1} 波數。

B 貨翡翠的拉曼光譜特徵，要注意 1100～1600cm^{-1} 波數，檢驗結果出現多個吸收波數，1105cm^{-1}、1179cm^{-1}、1226cm^{-1}、1282cm^{-1}、1450cm^{-1}、1601cm^{-1} 等，而且不同的樣本，所得到的吸收波數也會有差異，代表使用的環氧樹脂種類不一樣。

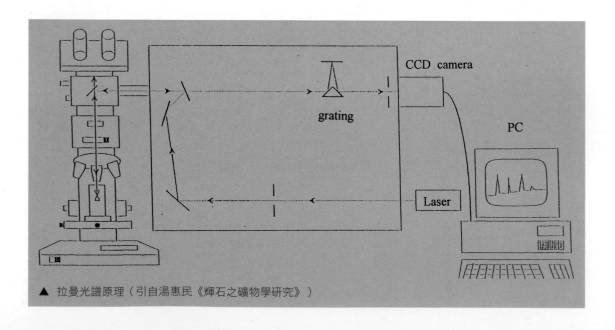

▲ 拉曼光譜原理（引自湯惠民《輝石之礦物學研究》）

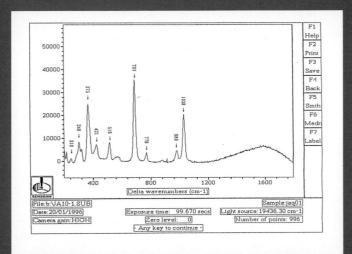

▲ 天然輝玉的拉曼光譜散射峰圖

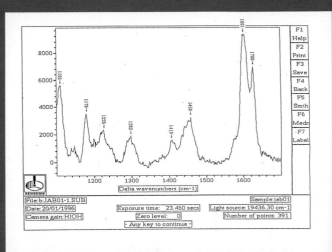

▲ B 玉 200~1800cm⁻¹ 拉曼光譜散射峰圖，注意在 1200~1600cm⁻¹ 之間多了許多吸收峰

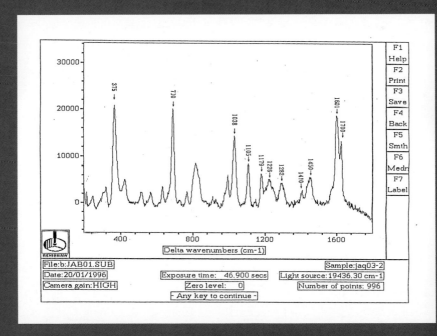

▲ B 玉 1100~1800cm⁻¹ 拉曼光譜散射峰圖，這些波峰會隨著充填的環氧樹脂 不同而改變

值得注意的是，川蠟與環氧樹脂最大差異是川蠟翡翠在 $2861cm^{-1}$ 和 $2846cm^{-1}$ 有特別吸收波數，這是環氧樹脂不會出現的。

B+C 翡翠鑑別

B+C 翡翠風行在 1996 年左右。主要是先用強酸去黃，再染各種顏色，最後注入環氧樹脂。最常見的是綠色，其次是紅色、紫色、褐色與三彩等。可以局部上色，也可以弄成色帶，也可以在淺綠色部位加綠，使顏色更明顯。比起單純的染色（C 貨），B+C 貨比較難以辨認。鑑定方法與上述方法相同，可以利用濾色鏡、分光鏡、螢光燈、放大鏡等觀察。

B 貨翡翠的價值

很多人問我翡翠 B 貨可不可以買，其實經過上述介紹 B 貨的過程，你應該心裡會有答案，八三種的 B 貨手鐲就價值 3、4,000 元左右，滿綠鐵龍生手鐲因為有裂紋，通常會灌樹脂處理，超過萬元就不值得買了。有時候商家會說這只是小 B，輕微用酸泡過，也不算太嚴重。其實只要灌了樹脂就會老化，只是時間久了才會發現問題而已。另外也有只用微酸去除一點微黃雜質，並沒有灌入環氧樹脂的。在定義上，沒灌樹脂，無法偵測出來樹脂的吸收峰，只看見表面稍微的破壞，這只能算是優化的行為，尚未構成 B 貨的要件。但 A 貨翡翠從幾百元到幾千萬元都有，實在沒必要去選購經過強酸腐蝕且灌上樹脂的翡翠，因為它不會增值，光澤也會越來越差，更沒有當作傳家寶的基本要件。如果只是戴好玩的，想選擇 B+C 貨搭配衣服，這也是可以理解的，那就挑選 1,000 元左右的，千萬不要花大錢而當了冤大頭。

▲ B 貨馬鞍形翡翠（引自湯惠民《輝石之礦物學研究》）

3

翡翠的鑑定工具

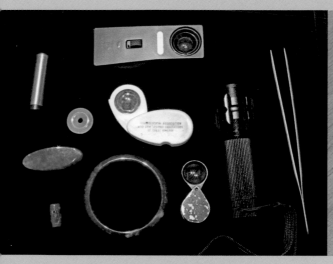

▲ 各種基本儀器

▲ B 貨翡翠浮在比重液上

▲ 使用折射儀　　　　　　　　　　　　▲ 利用查爾斯濾色鏡檢查有無染色

▲ 透過帶有燈光的放大鏡看玻璃手鐲　　　▲ 使用分光儀檢查手鐲的吸收光譜

▲ 使用 10 倍放大鏡

▲ 手持分光鏡

▲ 利用紫外線螢光燈檢查翡翠有無螢光

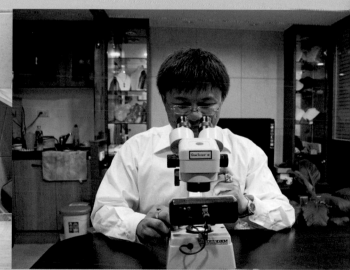

▲ 以顯微鏡觀察

▲ 紅外線光譜儀（吳照明）

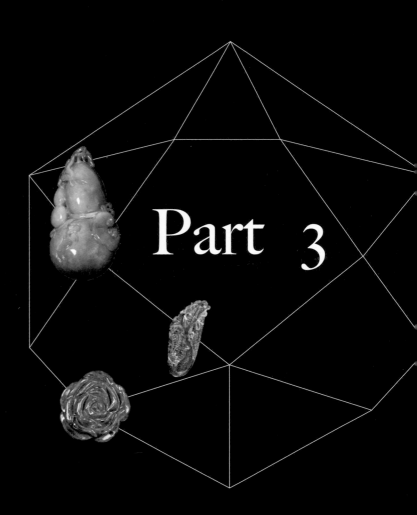

Part 3

1

翡翠的雕工過程

　　古有云：「玉不琢，不成器。」一件好的玉石翡翠，如果只是擁有好的成色，而沒有經過好的雕琢，未免有些可惜。不僅如此，玉石翠品也記錄著人類文明的歷史，傳承著華夏的傳統。而傳遞歷史和文明的媒介就是玉器上的雕刻圖案，不同時期人們對各式圖案的偏好和喜愛，記載著中華文明悠久的玉文化。

　　賦予每一件玉器翠品靈魂的雕刻工藝，不僅是每段歷史的真實記憶，也充分展現道以成器的理念。不同歷史時期的雕刻圖案，有著不同的魅力，玉器和翡翠雕刻也在歷史的長河中逐漸融合了部分西方的珠寶文化，漸漸走出了中西合璧的現代雕刻之路。

　　翡翠從原料到成品，需要一系列完整的加工過程，而中國自古以來流傳下來的各種翡翠雕刻經驗，更是難得的珍寶；利用翡翠有限的材料，放大原料的特色，既不浪費原料，也成就了美麗的翡翠。玉雕這門最難掌握的技術有 7,000 多年的歷史了，宋代時玉器手藝人首創的「巧色」技法，強調在玉器雕刻過程中，注重原料天然的色彩和紋理，根據材料選擇雕刻的題材和具體的雕刻工藝，避開不利的因素，巧妙運用已有的花紋和顏色。一般來說，翡翠雕刻的技法有很多種，如切割、磨平、起線、軋槽、鏤空、管鑽、打孔、鉤、軋、頂、撞、挖、脫環等。

　　進行翡翠玉石加工，不同地區的雕刻師有著不同的手法和工藝，但是基本過程大致相同，主要有以下幾個環節：

對原料進行分析，量料取材

對翡翠原料進行分析，主要是針對顏色、紋路和裂紋等。分析顏色，主要是注意原料顏色的走勢、各種顏色分布的大小、延伸的位置、具體的色調變化、色澤和透明度等。分析紋路，則主要看原料顏色與紋路的關係，包括順紋和逆紋。分析裂紋時，既要注意大裂紋的走向，也要注意是否有小裂紋，還有主要裂紋和原料顏色有無關聯，進行充分的分析後才能決定原料是用於大件或是小件，並巧妙的避開裂紋。沒有裂紋的原料當然最好，可做光身，先考慮是否可以製作手鐲。如果原料有裂紋，則可以根據裂紋考慮做帶有花紋的掛件等。

▲ 切割翡翠的機器　　　　　　　　　　　▲ 翡翠原石

玉器雕刻技法

「巧色」、「俏色」、「分色」是玉器行業用來評價雕刻等級的 3 個概念，也被稱為「一巧、二俏、三絕」。巧色是指巧妙地運用原料的顏色，俏色是在巧色的基礎上更加突出有顏色的部分，而分色則是指在俏色的基礎上，將各個部分不同的顏色嚴格區分開，不模糊邊界，不拖泥帶水。分色技法逐漸成為現代翡翠雕刻作品的重要評價標準之一，原因在於分色不僅要求玉雕師有高超的雕刻藝術和對各種翡翠原料的了解，還要有一顆勇於嘗試的心。要掌握這些技巧，少則 3~5 年，多則需要 10 年功力，就看雕刻師傅的領悟力如何。

▶ 巧色

▲ 俏色（雲寶齋）

◀ 俏色　　　　　　　　　　▲ 分色（雲寶齋）

▋切磋琢磨

「切」、「磋」、「琢」、「磨」是自古傳下來的玉雕技法，現代的玉雕師基本也是採用這樣的雕刻方法。先秦時稱為琢玉，宋代時稱碾玉，都是今天所說的玉器雕刻。

切，就是指切開石料，用無齒的鋸子加上解玉砂，將石料分解，要順紋或是順著主裂紋的方向切開。磋是指利用圓鋸和砂漿，將預料修出大致的造型。琢則使用雕刻工具來鑽孔或雕刻花紋。磨是最後一道工序，是將雕刻好的玉器拋光。

需要注意的是，在琢玉時，主要依靠陀機來切形，最早的陀機出現在史前的紅山文明中，玉匠利用踩踏木板讓陀子轉動，帶動著蘸水金剛砂，以此磋磨石料。古代的雕刻基本上都用這樣的陀機來碾磨而成，因此不能用現代的雕刻藝術來衡量古代雕刻的玉器。現代的陀機換用電動的鐵陀，加上黏好的金剛砂膠，來切除玉件的輪廓，保留最大的可用面積，加工的速度和精度都遠勝過去。

▋裂紋的小裝飾

在翡翠掛件上經常會看到一小片樹葉或是小魚的圖案，這樣的圖案大多是為了掩蓋原料中帶有的小裂紋，這樣的小裂紋不會影響翡翠玉器的堅固性，只是會影響美觀，一般來說無傷大雅，這也是公開的祕密。但如果消費者購買的是價格較高的翡翠掛件，出現這樣掩飾小裂紋的裝飾就有些瑕疵了。因此在挑選購買時要注意。

▋開石和切片

「開石」和「切片」是對翡翠原石最初的加工，為之後的雕刻工作打下重要基礎，必須小心謹慎。

開石是指切開翡翠原石石料的第一刀，在仔細觀察原石後，就可以開石了。開石可對

原石的顏色、水頭及裂紋情況有初步的了解，之後再切片。

切片常見方法大多為「片切割法」、「線切割法」和之前介紹過的「陀切割法」。無論選擇哪種方法，都要考慮翡翠原石中水頭的長短及不同翡翠物品的厚度。

片切割法中，如果選用大型的開料機或是中型油浸的開料機，這樣鋸開的原石鋸口較深且寬，對原石的損耗最大；如果選用中型切割臺來切割，鋸口小且薄，比較適合切割翡翠擺件的原料；如果使用小型的切割機，鋸片很薄，對原料基本沒有損傷，適合切割翡翠墜飾或把玩件等小翡翠物品。

▲ 翡翠切割器

▲ 正在切割中的翡翠原石

　　線切割法是利用馬尾和馬鬃繩來切割，不斷加水和砂，依靠彼此的磨擦將玉石原料切片。良渚時期的玉器經常可以看到使用此技法的痕跡。線切割法耗時耗力，是古時使用的方法。

　　陀切割法從古時需要腳踩的陀機，變成現在使用的電動設備，玉器的雕刻技術也隨之進步了。

琢磨和雕刻

　　琢磨和雕刻是翡翠玉器中雕刻的最重要的環節。首先要設計圖形，根據玉石原料顏色分布的情況，在翡翠原石上落實設計師的構思和設計。

▲　筆者在瑞麗現場參觀翡翠雕刻師傅設計圖形，有時一塊翡翠會放一年半載都不動刀，等到靈感來時，才能雕出傑作（俊宏緣珠寶）

在雕刻過程中如何靈活應對發現的瑕疵，並想辦
法彌補，是一門學問，行話稱之為「剁髒遮綹」，更
通俗的說法是「壓棉避綹」。「壓棉」的意思是指在
雕件過程中，遇到棉的地方就打下去或做下去，即使
將材料打壓得很低也要將棉打下去；「避綹」的意思
是指遇到翡翠綹裂時要盡量避開，或是做雕花處理、
打孔，總之，要盡量做到「物盡其用」。

▲ 避綹（俊宏緣珠寶）

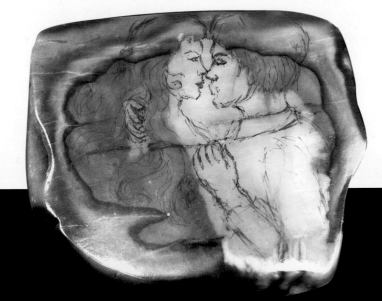

▲ 利用分色（俊宏緣珠寶）

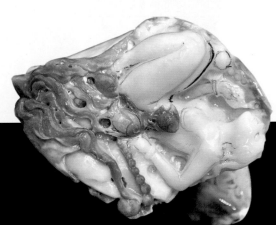

▲ 利用巧色（俊宏緣珠寶）

常用的翡翠雕刻工藝有圓雕、浮雕、透雕、線雕、立體雕、切割痕、管痕、拉鋸痕、單面鑽、雙面鑽、象鼻穿、通心穿、漢八刀、斜刀、陰刻、嵌寶、描金、巧色、托底、補整等。

▲ 每一位雕刻師都要有畫圖的基礎和天分。

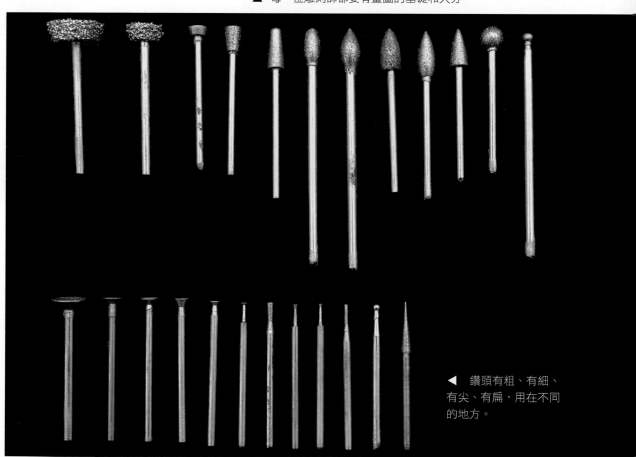

◀ 鑽頭有粗、有細、有尖、有扁，用在不同的地方。

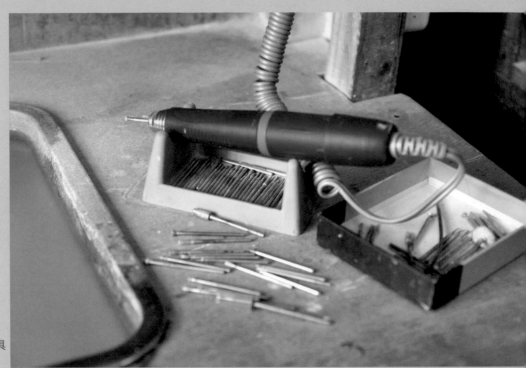

▶ 用不同的工具
來進行雕刻。

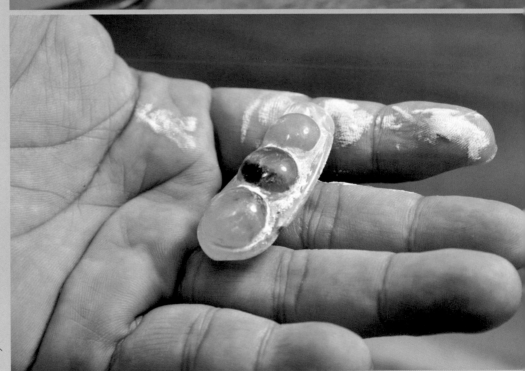

▶ 雕刻出來的、
尚未拋光的豆子。

▲ 雕刻工具設備與現場

圓雕

　　也可以稱之為整雕，一般沒有背景，雕件的前、後、左、右、上、中、下等各個方向均有雕刻，屬於可以多角度觀賞的完全立體雕像。圓雕不適合表現自然場景，但是可以細緻地展現人物所處的環境、姿態等，更適合透過局部凸顯或各種物品說明人物的情感或是必要的情節，進而展現出人物的精神。圓雕的表現手法要求精練，因此一般都以象徵和寓意的手法去表現主題，所以在欣賞和選擇圓雕翡翠作品時，要先好好體會作品的主題意義。

▲　圓雕觀音像「慈航普渡」（楊樹明）

浮雕

　　浮雕是最常見的翡翠雕刻方法，是指將原本立體的各種人物、動物、植物、山水等形象不改變長寬比例而壓縮厚度後，雕刻在平面或弧面的翡翠上，這種雕刻方法屬於不傷害玉石原料的方法，因此使用率最高。與圓雕相比，浮雕更適合雕刻風景，也更能表現廣泛題材。浮雕是介於圓雕和繪畫之間的藝術表現形式，因此運用更加廣泛。根據表面凸出的厚度及形象被壓縮的深度不同，浮雕還可分為深浮雕、中浮雕、淺浮雕 3 種。

▲　浮雕小雕件

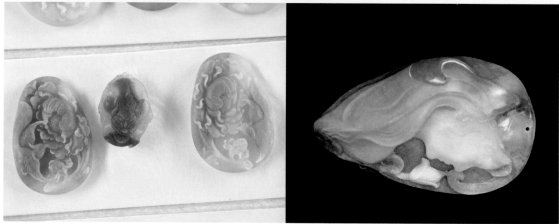

▲ 浮雕小雕件

透雕

也稱之為鏤空雕，一般分為 2 種，一種是在浮雕的基礎上，將背景部分鏤空雕刻，另一種則是介於圓雕和浮雕之間，使雕刻作品更能顯示出玲瓏剔透的效果。

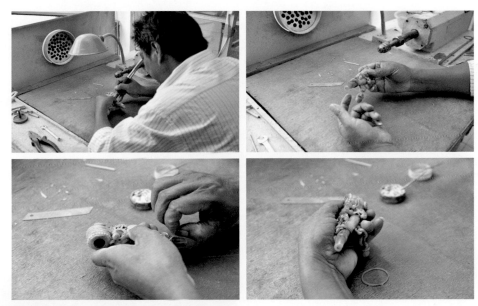

▲ 透雕雕件的雕刻環節展示（藝盛和翡翠）

出水

出水就是人們常說的「拋光」，是翡翠加工中的一道工序，一般用皮革或拋光劑，將翡翠表面拋光至光亮，過程中不會損耗玉料。

過酸梅、過灰水

過酸梅和過灰水是指將翡翠玉器放入酸梅和灰水中，去除加工過程中沾染上的汙漬。

過酸梅用的藥劑,每半年會將新老酸梅混用一次。酸梅雖然屬於弱酸,但如果長時間浸泡也會略微影響到翡翠的內部結構,所以要注意只能短時間清洗。

上蠟

上蠟,也稱為浸蠟,是翡翠製品在拋光後進行的一道工序,實際上這不是對翡翠的加工過程,而是對玉器的處理過程。這麼做不僅可以使翡翠表面更光滑,還可以遮掩裂紋。對於多孔隙的玉石材料,還有增加結構穩定性、免受汙染等作用。上蠟通常有 2 種方式,一是蒸蠟,二是煮蠟。蒸蠟是預先將石蠟削成粉末狀,將翡翠在蒸籠上蒸熱,然後將石粉灑在上面,石蠟熔化後布滿翡翠表面,但這種方法只局限於表面;煮蠟,則是在一容器中將蠟煮熔,並保持一定的溫度,將翡翠放入一篩狀平底的容器中,連容器一起浸入處於熔融狀態的石蠟中,使其充分浸蠟,然後提起,迅速將多餘的蠟甩乾淨,並用毛巾或布擦去附著在表面上的蠟。這種上蠟方法可使蠟質深入裂隙或孔隙當中,效果較好,過程往往只有幾分鐘的時間。

手鐲的加工過程圖

▲ 1.選取不同直徑的外套管

▲ 2.取出玉鐲片,加工過程不可太快,時間約 1~2 分鐘,要用水冷卻降溫

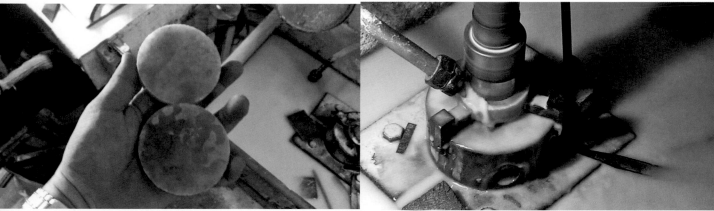

▲ 3. 剛取出的玉鐲片

▲ 4. 選取內套管，取出手鐲，時間約 1~2 分鐘，這個過程也要加水冷卻

▲ 5. 取出手鐲與鐲心

▲ 6. 一大串手鐲半成品可以拿去售出，或者加工成成品

▲ 7. 經過粗拋程序　　　　　　　▲ 8. 經過細拋程序

▲ 9. 拋光之後，最後一道程序是上蠟，這就
大功告成了

2

翡翠的雕刻意涵

　　選購翡翠雕件，寓意很重要。我常常跟學生說，選購翡翠雕件得清楚知道雕的內容與涵意。也常常問賣翡翠的櫃檯小姐，清不清楚玉雕上那些動物或人物代表了什麼寓意。選購翡翠除了喜歡工質外，也得知道玉雕的內涵。以下就加以分類說明。

宗教類

觀音（觀世音）：慈悲為懷，救苦救難。

千手千眼觀音：遍觀世情，法力無邊。

送子觀音：求子。

南海觀音：出海行船平安順利。

釋迦摩尼佛：大智大慧。

彌勒佛（佛公）：大肚能容，豁達開朗。亦可保佑平安。

關公：恩主公，武財神。

達摩：了悟凡性，捨妄歸真。

濟公：神通廣大，可求財或求醫。

劉海戲金蟾：劉海蟾以銅錢釣蟾，寓求財之意。

八仙過海：寓祝壽之意。

鍾馗：辟邪鎮鬼。

卍標誌：吉祥好運之意。

八卦：趨吉避凶。

十字架：基督教或天主教信仰，提醒耶穌為世人所受之苦，信者得永生。

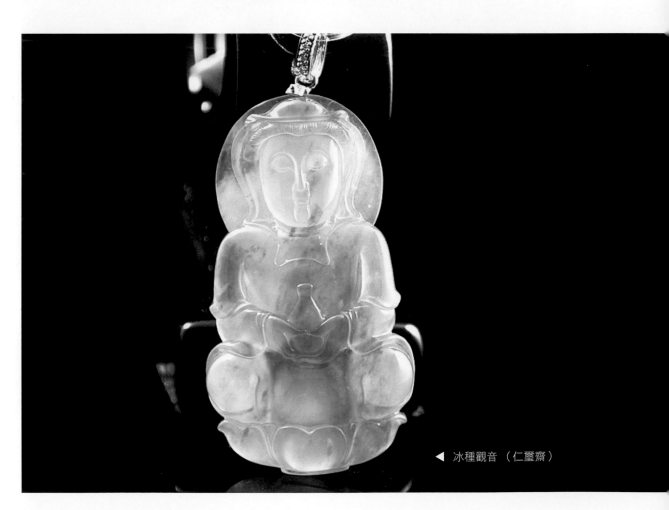

◀ 冰種觀音（仁璽齋）

▲ 糯種達摩吊墜，未拋光

▲ 玻璃種白翡佛公（仁璽齋）

▶ 玻璃種大觀
音（仁璽齋）

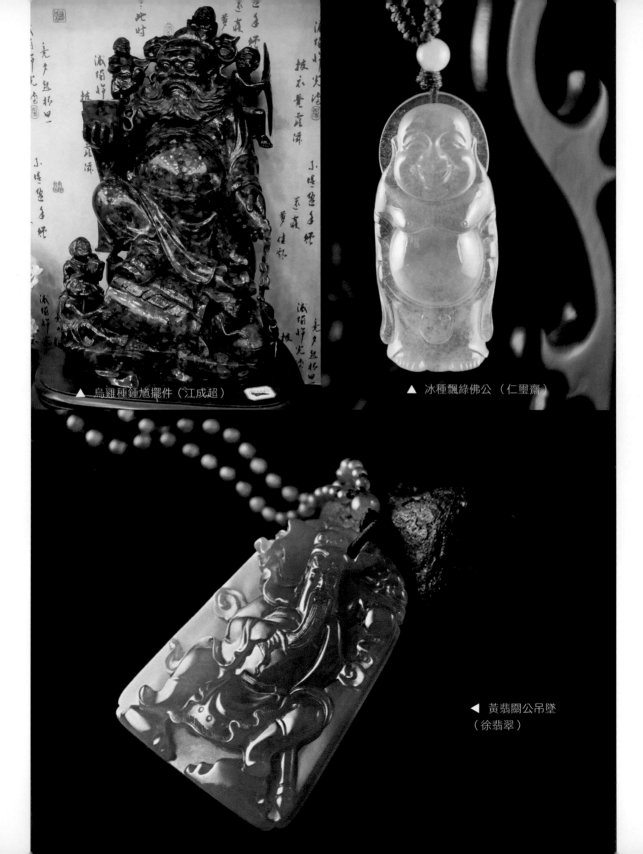

▲ 烏雞種鍾馗擺件（江成超）

▲ 冰種飄綠佛公（仁璽齋）

◀ 黃翡關公吊墜
（徐翡翠）

其他人物

童子：送財童子、童子騎驢，寓天真活潑之意。

壽翁：南極仙翁，祝老人長壽之意。

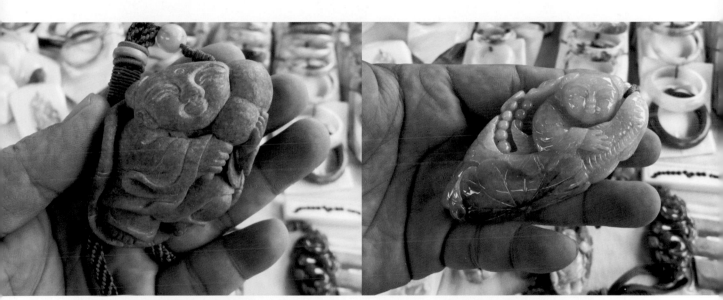

▲ 尚未拋光的童子把玩件，質地較差，未拋光　　　　　▲ 童子抱魚把玩件

花草類

松竹梅：歲寒三友。松柏四季長青，代表長壽之意。竹梅，青梅竹馬，意寓夫妻恩愛。

梅花：冰肌玉骨，有五瓣，代表福祿壽喜財，五福臨門的意思。越冷越開花，堅忍不拔，屹立不搖。

蘭：蘭花有花中君子美稱。深谷幽蘭，象徵高潔、美好，品德高尚。與桂花在一起就是蘭桂齊芳，代代子孫都優秀的意思。

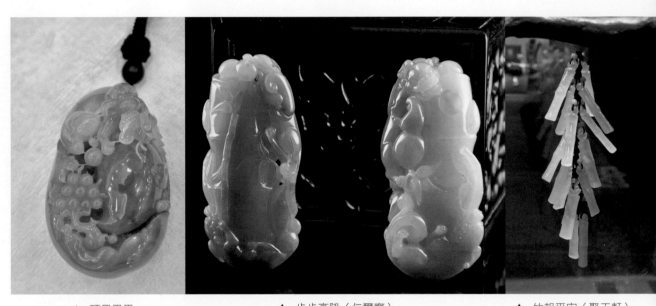

▲ 碩果累累　　　　　　▲ 步步高陞（仁璽齋）　　　　　　▲ 竹報平安（聚玉軒）

　　竹：有氣度，有節操。最常見的是步步高陞，平步青雲，節節向上，竹報平安。也喻指做事要知足（竹）常樂，也要心滿意足（竹）。

　　菊：吉祥、長壽的意思。與松在一起，就是「松菊延年」。采菊東籬下，悠然見南山，意境非常優美。笑容可掬（菊）。

　　玉蘭花：玉樹臨風，青出於藍（蘭）。

　　葉子：諧音「業」、「夜」字。成家立業、事業有成、一夜致富、夜來香。

　　牡丹花：百花之王。象徵大富大貴，官運亨通。

　　雞冠花：加冠，即當官。

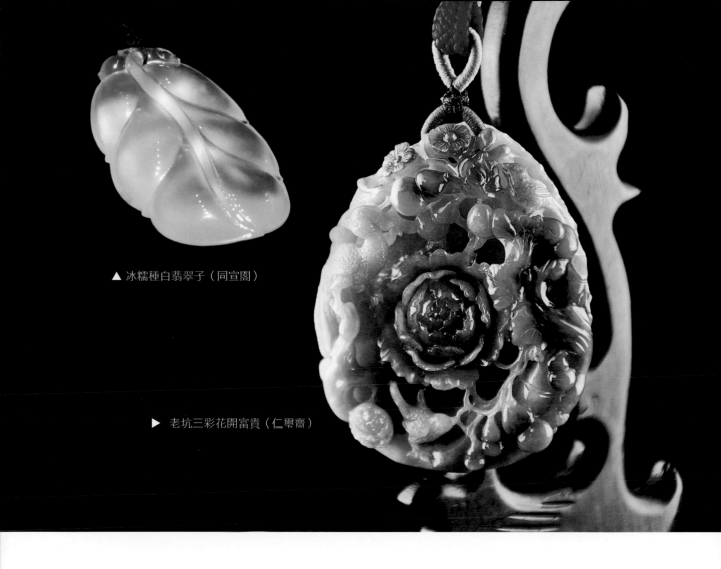

▲ 冰糯種白翡翠子（同宣閣）

▶ 老坑三彩花開富貴（仁璽齋）

生肖動物類

鼠：數（鼠）來寶、咬錢鼠，數（鼠）一數二。

牛：勤奮，股票牛市。

虎：虎虎生風、龍騰虎躍、威猛的樣子。

兔：兔寶寶，可愛。

龍：帝王象徵、龍騰虎躍、飛龍在天、龍馬精神，有陞官的意涵。

蛇：小龍。

馬：馬到成功、馬上封侯、龍馬精神、一馬當先。事業官運樣樣亨通。

羊：三陽（羊）開泰、喜洋洋（羊羊）、洋洋（羊羊）得意。

猴：聰明伶俐，馬上封侯（猴）、猴賽雷（好犀利）。

雞：金雞獨立、機（雞）不可失。

狗：忠心，狗來富。

豬：諸（豬）事順利。

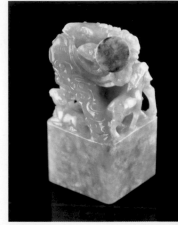

▲ 綠三彩三羊開泰（仁璽齋）

▲ 烏雞種冠上加冠（仁璽齋）　　　　　▲ 花青種冠上加冠（仁璽齋）

▲ 綠猴抱桃子（仁璽齋）

其他動物昆蟲

貔貅：古代的避邪獸，亦有招財的意涵。

龍鳳：龍鳳呈祥、望子成龍、望女成鳳。

蝙蝠：倒掛蝙蝠意寓「福到了」，福氣。

孔雀：孔雀開屏，雀屏中選之意。

鸚鵡：代表英武（鸚鵡）神勇。

蝴蝶：花蝴蝶，美麗且吸引異性。

蜘蛛：蜘蛛結網表「勤奮」之意，諧音「知足（蜘蛛）常樂」。

鵪鶉：平安，安居樂業。

螃蟹：富甲天下。

母雞帶小雞：母親慈愛。

鯉魚：鯉魚躍龍門、與漁翁一起寓意「漁翁得利」。

金魚：金玉滿堂，多子多孫。

鴛鴦：成雙成對、幸福美滿、只羨鴛鴦不羨仙。

馴鹿：福祿壽、加官受祿（鹿）。

獾：闔家歡（獾）。

獅子：萬獸之王。常出現在印鈕上。

喜鵲：歡天喜地，通常都是兩隻，雙喜臨門。

老鷹：英勇的意思。眼睛銳利，身手矯健敏捷。

鶴：長壽的意思。

鴨子：押（鴨）寶。母鴨與小鴨子，一家團聚，平平安安。母雞與小雞也可以。

貓：溫馴乖巧。

魚：年年有餘（魚）。

鵝：天鵝，姿態優雅。

▲ 猴子撈月白翡吊墜（仁璽齋）

▲ 年年有餘（上海沈岩）

蝦：斑節蝦，一節一節，循序漸進。

龜：長壽。祝壽用。

鱷魚：咬勁十足，戰鬥力強，奮鬥不懈。

青蛙：蟬鳴蛙叫，田園風光景色。

蟾蜍：蟾蜍性喜咬錢。做生意的都放在店裡，招財進寶。

蟬：寓一鳴驚人之意。

蠶：奉獻，脫胎換骨。

螳螂：螳螂捕蟬，黃雀在後。隨時警惕自己，提高警覺。

甲蟲：獨角仙。獨霸一方。

蜻蜓：池塘邊田園風光，悠然自得。

螞蟻：合作無間。螞蟻雄兵，成群結隊。團結力量大。

蒼蠅：諧音「常贏」。好賭的人非常喜歡。

螽斯：多子多孫的意思。

象：太平有象。

▲ 喜盈門

▲ 太平有象

▲ 冰種綠葉貔貅印鈕（仁璽齋）

▲ 英武神勇（聚玉軒）

▲ 鱷魚翡翠擺件，寓意奮鬥不懈。（泰隆珠寶）

▲ 麒麟翡翠吉祥獸

▲ 黃翡蠍子吊墜

▲ 一鳴驚人印鈕和吊墜（聚玉軒）

▲ 同心協力螞蟻擺件（仁璽齋）

蔬菜水果

葫蘆：最常見的雕刻，福氣的意思。

靈芝：有長壽如意的意思。靈芝是傳統文化中的瑞草，現在醫學有吃靈芝增加免疫力、抵抗癌症之說法。常出現在雕刻裡面。

壽桃：長壽的意思。

人參：長壽的意思。

葡萄：結實累累。比喻豐收或是人脈很廣。

玉米：結實累累。以喻風調雨順，五穀豐收。

石榴：多子的意思。祝賀人多子多孫多福氣。

菱角：伶俐的意思。形容長相很標緻，有稜有角。

棗子：早（棗）生貴子。

荔枝：荔枝樹是百蟲不侵的植物，有些上百年的老荔枝樹還可以開花結果。祝賀新婚夫妻傳宗接代，代代相傳的意思。

辣椒：火熱的心，古道熱腸。

瓜籐：瓜籐蔓延，生生不息。

花生：長生果，長生不老。與柿子在一起，好事（柿）會發生（花生）。

白菜：翠玉白菜，位在臺北外雙溪故宮博物院，是由翡翠雕刻而成。親切的題材、潔白的菜身與翠綠的葉子，都讓人感覺十分熟悉而親近，亮點是菜葉上停留的兩隻螽斯和蝗蟲，寓有多子多孫的意思。根據

▲ 白黃翡花生掛件，寓意好事會發生。（聚玉軒）

故宮的說法，此件作品原置於紫禁城的永和宮，永和宮為光緒皇帝妃子瑾妃的寢宮，因此有人推測此器為瑾妃的嫁妝，象徵其清白，並祈求多子多孫。雖說翠玉這個材質與白菜造型，始風行於清中晚期，但白菜與草蟲的題材在元到明初的草蟲畫中屢見不鮮，一直是受民間歡迎的吉祥題材。現在的富貴人家，家裡或公司都喜歡擺一個翠玉白菜，象徵吉祥與子孫滿堂，亦有發財的意思。

豆莢：連中三元。也分三顆與兩顆豆子的。

蓮藕：蓮藕多子，多子多孫的意思。

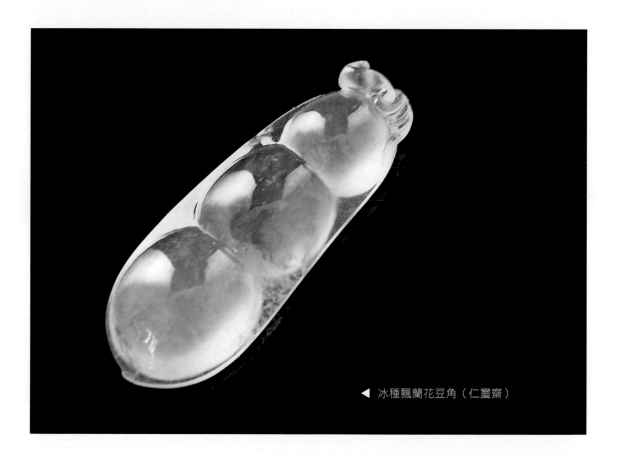

◀ 冰種飄蘭花豆角（仁璽齋）

柿子：好事（柿）會發生。

麥穗與稻穗：五穀豐收、國泰民安、風調雨順。

蓮花：出汙泥而不染，清廉（蓮）自持。送當官者。

荷葉：和（荷）平的象徵。

▲ 糯種翠綠葫蘆吊墜，寓意福氣來到（仁璽齋）

▲ 黃翡葫蘆吊墜，寓意福氣來到（仁璽齋）

福祿壽喜四字：通常用於祝壽屏風，祝福長者添福、納財、長壽、喜氣洋洋。

平安扣：平平安安。通常是長輩送晚輩或剛出生嬰兒，祝其能夠平平安安，健健康康長大。

花瓶：諧音「平」字，有平平安安、平步青雲之意。

如意：萬事如意。長長的 S 型曲柄、上連靈芝式柄首的造型，是人們熟悉的一種具有吉祥寓意的傳統工藝美術品。起源於中國人的「爪仗」，抓癢用（即俗稱的「不求人」、「癢癢撓兒」）。一柄經典的如意，由細長的手柄和雲紋頭部組成，材質有金製、紫檀木製、

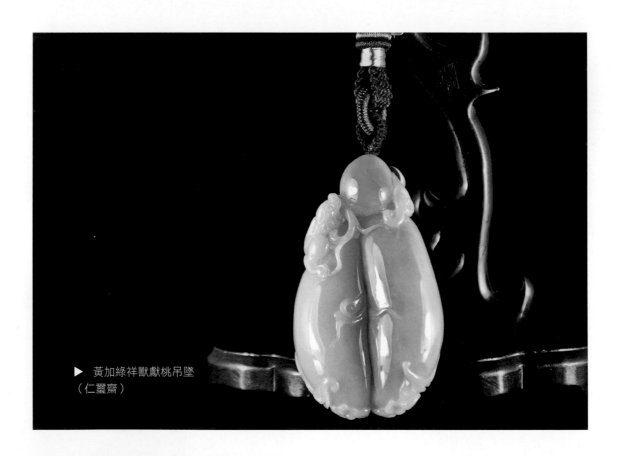

▶ 黃加綠祥獸獻桃吊墜
（仁璽齋）

玉製等。早在東周時，便已有如意的雛形。佛教於漢朝時傳入中國後，「爪仗」（梵語名為阿那律）做為佛教徒隨身裝備之一，在中國流行開來，許多佛像都手持如意，是一種吉祥的象徵。唐朝以後，如意的實用功能逐漸消失，裝飾功能增強，成為工藝品。走進故宮，在正殿的寶座旁、寢宮的案頭几上，處處可見如意的蹤影。如意是地方官朝貢的重要品種，以至於宮中有大量的如意留存。從歷朝的進貢資料看，在各種進貢物品中，往往把如意放在所有貢品的首位。如意也是宮中婚慶不可或缺的重要物品。乾隆的女兒和孝公主出嫁時，就得到了乾隆皇帝的一盒共 9 柄紫檀嵌玉如意。由於乾隆皇帝喜歡如意，當官的人便開始收藏如意。現在的如意也是達官貴人或是富貴人家中的必備裝飾品之一。

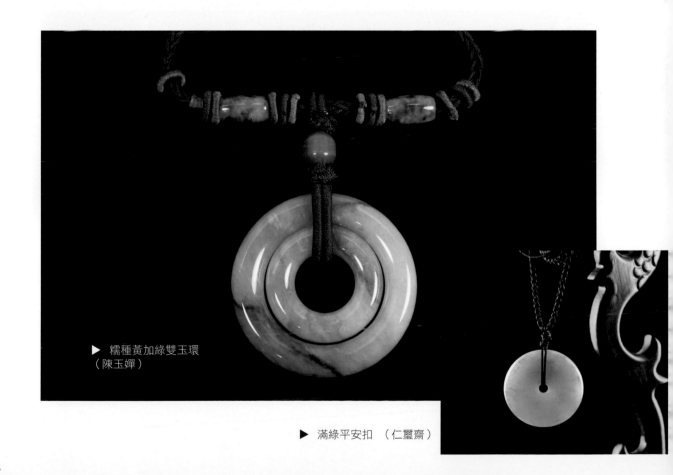

▶ 糯種黃加綠雙玉環
（陳玉嬋）

▶ 滿綠平安扣 （仁璽齋）

▲ 滿翠如意鎖石吊墜（大曜珠寶）

長命鎖：嬰兒滿月時贈送，長命百歲，平安吉祥。

算盤：精打細算。

麻將與象棋：娛樂用。中國文化的一種休閒娛樂，也可以啟發腦力，培養人際關係，預防老人痴呆症。

筷子：快（筷）樂。

碗：擺件，捧著鐵飯碗，意寓事業順利。

鑰匙：打開門，開運的意思。開啟智慧。

帆船：事業一帆風順。

風箏：蒸蒸（箏箏）日上，事業與學業扶搖直上。

穀釘紋：青銅器與古玉器常用的紋飾。五穀豐收、生活富足的意思。

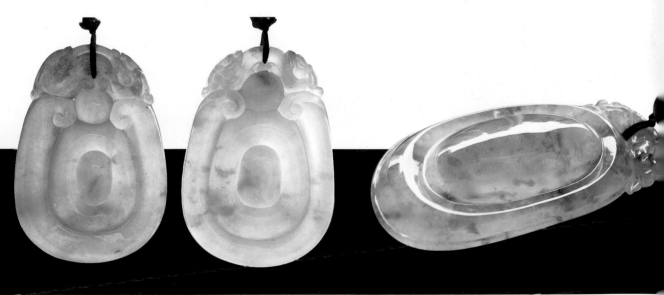

▲ 冰種飄綠對墜「福在眼前」（仁璽齋）　　　　　▲ 冰種飄藍花對墜「福在眼前」（仁璽齋）

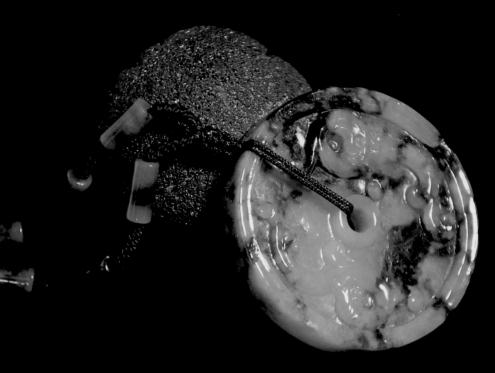

▲ 復古平安扣（徐翡翠）

▼ 花青翡翠套碗擺件（江成超）

3

翡翠工藝大師

能夠訪問到兩岸知名的玉雕工藝大師，是筆者及廣大讀者的榮幸。難得接近大師，並得大師親炙，近距離聆聽他們創作的意想與趣事，十分感動。

 黃福壽

黃福壽，1957 年生於臺灣，1985 年於臺北「德隆玉雕工作室」擔任主要設計指導，從事特殊玉雕創作。

1996 年全心投入個人玉雕創作，連續數屆國家雕刻獎得主，作品「歡天喜地」、「生生不息」、「梁祝」由國立傳統藝術中心典藏。

▍大師自述

藝術的創作，是一種體認自我，詮釋自我的過程，同時也是完成自我乃至超越自我的切身體驗。與玉石雕刻結緣至今已 30 餘載。於此漫長時光中，從最初接觸時的那份喜愛與熱衷，並不因時光的消逝而絲毫的退縮。縱然經常面對現實生活的考驗，也總在現實生

活的狹縫間，試煉著自我內在念力。然而身處在這不確定、一窩蜂心態的年代，於瞬息萬變，萬事萬物流轉中，執著與堅定是一種蓬勃的生命契機，一份常存對理想與真善美的永恆追求。

我們承載了前人的結晶，也視前人的智慧為自我學習的面向。然而在「傳統」與「創新」的過程中，我們也將置身於驅離

▲ 「秋的禮讚」系列作品，每一片葉子都不會有相似的，這就是大自然的神奇。

▲ 金蟬脫殼

過往，接近新思維的一種不確定的年代。而這種不確定性，也為藝術帶來重生的動力。在結構、解構與重組的過程中，也將為藝術文化之演進在不同的世代中留下見證。（文：黃福壽）

 ## 梁容區

　　梁容區，廣東陽江人，1971 年出生，1993 年進入翡翠玉雕行業，手眼獨出，掙脫世俗框架的束縛，在繼承傳統雕刻技藝基礎上，感悟中國傳統文化，融合西方繪畫、雕塑及裝飾的藝術手法，突破傳統模式，自成一派。

　　現擔任中國全國工商聯金銀珠寶業商會玉石專業委員會常務副主任、平洲珠寶玉器協會理事、平洲珠寶玉器協會玉雕文化藝術促進會主席。

　　梁容區的翡翠藝術作品曾多次榮獲全國大獎：

2007 年，「如虎添翼」獲工天獎銀獎、「盤古之斧」獲天工獎優秀獎

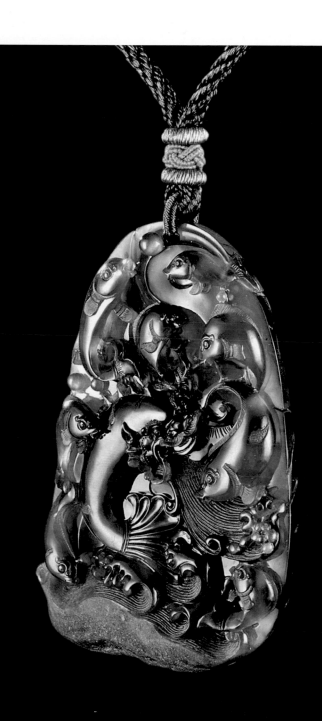

▲ 九鯉招財

▲ 帶子上朝

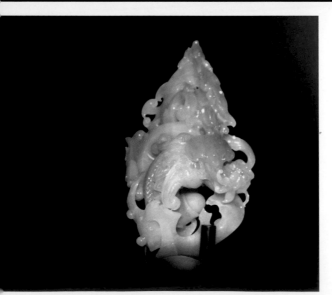

▲ 得龍添彩

2009 年，「悟道」獲神工獎最佳創意金獎、「望子成龍」獲神工獎最佳工藝獎

2010 年，「臥虎藏龍」獲玉星獎金獎、「竹林觀音」獲神工獎金獎

2011 年，「女媧補天」獲芒市「金像獎」金獎、「送子觀音」獲芒市「金像獎」金獎

2012 年，「佛本」獲「玉龍獎」創意獎

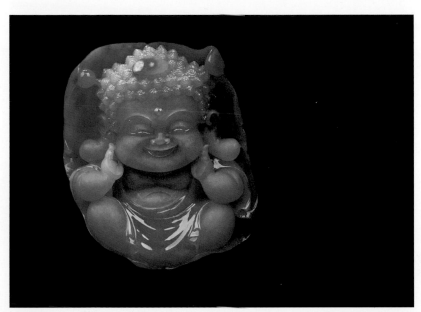

▲ 佛本

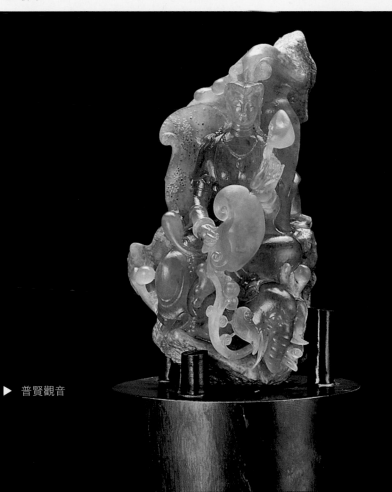

▶ 普賢觀音

麥少懷

　　在本書寫作過程中的 2012 年 10 月 20 日，玉雕大師麥少懷先生不幸去世，得年僅 39 歲。在此謹以麥少懷大師自述緬懷他的事蹟。雖然無法再繼續分享他的創作心得，但從以下收錄的文字與作品，亦可使讀者感受到大師對玉雕的執著與專注。

▍大師自述

　　自從 13 歲那年被「貴人」發掘，進入廣東省佛山市三水區玉器廠學習玉雕，從此與翡翠結上了不解之緣。我喜歡雕琢神態各異的瑞獸，擅長綜合運用各種細膩精緻的雕琢方式，作品清新、簡潔、自然、流暢。

　　我的作品很多，但是卻最鍾情於神獸「龍」。或許龍的神祕更能讓人賦予創作的想像力，或者是龍的霸氣、主宰，讓人更想試著去征服。於是便雕琢出了「盛世騰龍」、「蛟龍出海」、「金龍獻瑞」等大氣磅礡的作品。

　　我喜歡採用多種方式雕琢龍，例如微雕出紋理，在龍爪、龍的身形上，都使用了立體鏤空的雕琢，這樣感覺更加生動。很多時候作品不一定需要拋光，拋光只是為了讓翡翠顯得更加亮澤，但是根據不同的石料偶爾採用磨砂的處理，反而能讓龍的身體更加立體、更加形象。而所有動物最傳神的地方在於眼睛，我喜歡雕琢這個部分，因為我喜歡隨性而為，我希望能從眼神裡讀到一些東西。很多朋友喜歡看我雕琢的龍，特別喜歡龍的眼睛楚楚動人的，沒有暴戾，沒有驚恐，讓人覺得這是一隻帶著美好祈福的靈獸。

　　翡翠的愛好者大部分都喜歡三彩的作品，因為寓意和顏色都是美好的。我對三彩的運用也頗有心得，對顏色組合、三彩追色的把握，讓我對於作品的線條、神態的勾勒有著更微妙和細緻的要求，要採用好的俏色，突出瑞獸的形態。這對於雕工也有較高的要求，需要了解如何運用和分配。（文：麥少懷）

▶ 冰種花青龍形玉帶鉤

▲ 三彩龍型佩

▲ 高冰花青龍形玉墜

▲ 黃加綠龍形玉墜

▲ 黃加綠福在眼前龍形玉墜

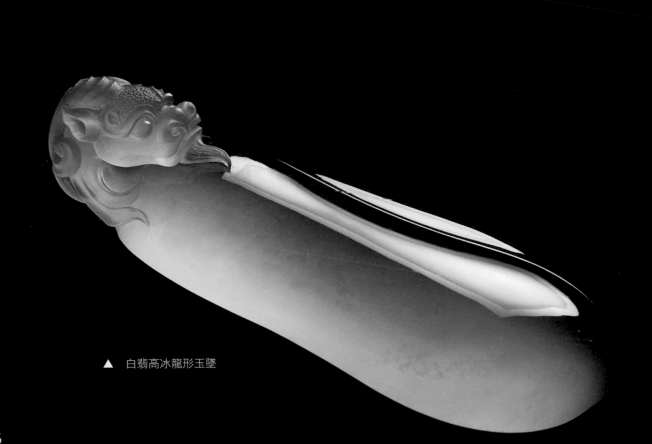

▲ 白翡高冰龍形玉墜

王朝陽

王朝陽，1970 年出生於玉雕之鄉河南南陽，受環境感染，從小酷愛繪畫。1988 年開始學習玉雕，曾先後師從國家工藝美術大師呂昆、宋世義。憑藉著堅實的功底、不懈的努力，被 2 位老師稱為玉雕奇才。王朝陽的成就源於北京玉雕廠的歷練、中央工藝美術學院雕塑專業的深造、古典家具製作的藝術熏陶。

連續 4 年榮獲由瑞麗市委、市政府主辦的「神工獎」玉雕大賽金獎；2008 年榮獲「瑞麗玉雕十傑」的光榮稱號；2005 年 11 月，在中國國家輕工部、中寶協等單位聯合舉辦的玉雕界最高獎項「天工獎」的大賽上，選送的「斑點狗」、「梔子花開」獲「天工獎」銀獎；2007 年作品「山官」榮獲中國玉雕石雕「天工獎」最佳創意獎；2008 年「天工獎」的大賽上，選送的「軍帽」榮獲「最佳創意獎」；2009 年被評為「雲南十佳玉雕名師」；2011 年作品「人與自然」獲「卞和杯」金獎，「中國紅」獲「卞和杯」銀獎。作品「天祐」獲「神工獎」金獎，作品「守宮」、「慧光」獲銀獎……

▶ 祝福

▲ 「水韻墨工」玉雕作
品——觀天下

◀ 「水韻墨工」玉雕作
品——一念天堂

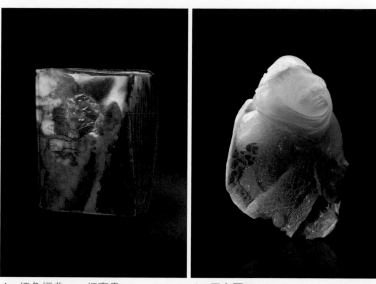

▲ 紅色經典——紅寶書　　▲ 天之翼

◀ 海之韻

 王俊懿

1974 年生於桂林。年少稟賦才藝，自好雕刻，從父習書法、繪畫，耽遊藝事，不知厭倦。17 歲攻讀珠寶設計專業。

19 歲進入玉雕行業。

23 歲與中國最大翡翠商合作——設計製作拍賣級翡翠。

30 歲摘得全國玉雕最高賽事「天工獎」金獎及最佳創意獎。

31 歲受邀香港佳士得拍賣，並破例以翡翠藝術家之名拍賣其作品。

32 歲榮譽「中國玉石雕刻大師」之銜，並為中國玉雕大師中最年輕者。

37 歲創立中國首家尊享預約制翡翠藝術館及翡翠藝術研究中心。

37 歲再次摘得全國玉雕最高賽事「天工獎」金獎。

20 載用心感悟，潛心鑽研的態度，繼承 7,000 年玉文化中富有生命力的線條與崇高的人文精神，運用屬於世界的藝術語言，在「金雕」與「玉琢」的結合下，感悟天人合一，展現翠玉魅力，將「中華玉文化」與「當代藝術」融合，默默創作出具有時代印記的藝術精品。以當代琢玉人的社會文化責任，引領翠玉行業的標準與方向，並透過藝術及深厚的文化內涵，發願將中華玉文化拓展至國際藝術領域。

其名「懿」，由「壹」、「次」、「心」三部分構成，闡釋壹生壹次用心玉成，遂成中國首本專業翡翠藝術作品集《玉成壹心》。

王俊懿嘗試墨翠雕刻時間之早、手法之新，完全可以說是將現代墨翠雕刻提升到了一個新的高度。墨翠是翡翠裡面的「少數民族」，一開始並不引人注意。墨翠的質地是翡翠裡面最細膩的，它的密度很高，適合細緻的工藝。於是，王俊懿就吸收了壽山石的一些寫實雕法，把它運用在墨翠上，淋漓盡致地去表現寫實的肌理、形神。再者因為它具備黑色這種可塑性很強的色彩，適合於表現神祕的、充滿力量的題材，比如龍、黑豹、鱷魚等這些大自然中具有霸氣的動物。

大師自述

中國現在正處在一個全面復興的時代，這也是文化藝術發展進步的最好時機。「越是民族的，越是世界的」。中華文化的博大精深為各門藝術的興盛提供了強有力的保證和基礎。能為中國玉雕藝術這個傳承了幾千年的「國粹」出力，是我畢生的追求。

（文：王俊懿）

▲ 原石　　　　　▲ 設計　　　　　▲ 白度母成品

▲ 綠葉翠壁虎　　　　▲ 化蝶

▲ 傲龍出海

葉金龍

葉金龍，臺灣人，在中國玉雕界享有盛譽，他著有《臺灣本土玉石賞析》、《天心禮讚》等著作，善於採用超長、超細、超薄的雕鏤技藝，雕琢出薄如蟬翼、脈絡凸現的花葉、螳螂、蜻蜓、蝴蝶等作品。葉金龍先生 1950 年代出生於臺北鄉間，從小生活在大自然的潤澤中，對大自然萬物似乎都有一種純真的感悟。億萬年前形成的美玉奇石，他似乎能觸摸到其微微顫動的生命演進脈絡。

作品「舞動青春」榮獲「天工獎」。2005 年參加第 12 屆「中國藝術博覽會」，作品「無盡的愛」榮獲金銀珠寶玉器組金獎。作品「蝶之戀」榮獲「輕工部百花獎」銀獎。作品「無悔的幸福」獲「天工獎」銀獎。於北京飯店文物長廊舉辦中國大陸個人首屆作品展。作品「獨占鰲頭」獲「四會市玉器博覽會」金獎。2006 年參加第 13 屆「國際藝術博覽會」，作品「蝶戀花」榮獲金銀玉器組金獎。第 13 屆「國際藝術博覽會」，作品「觀自在」榮獲金銀玉器級金獎。於雲南泰麗宮作個人珍藏品展。

作品「一葉情」設計雕刻過程

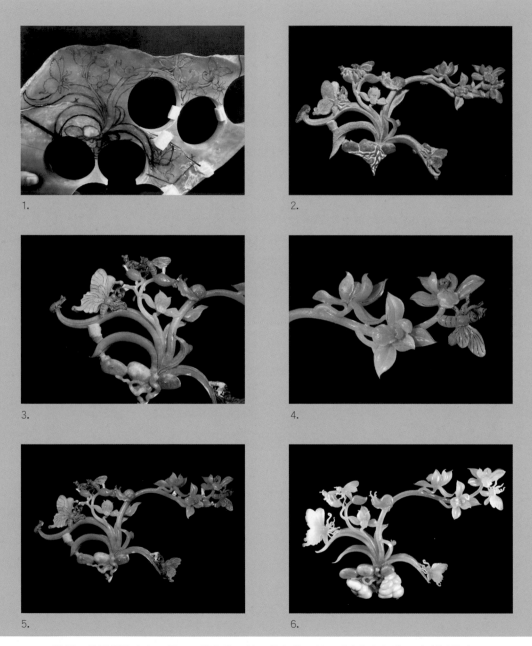

1.

2.

3.

4.

5.

6.

▲　這是一塊已經取走七只鐲子，帶有紫、綠、黃色的玉料，看大師如何將一塊剩料變成一件藝術作品。他在此將「祕密」公開，毫不藏私，顯示其對推廣翡翠玉雕不遺餘力。

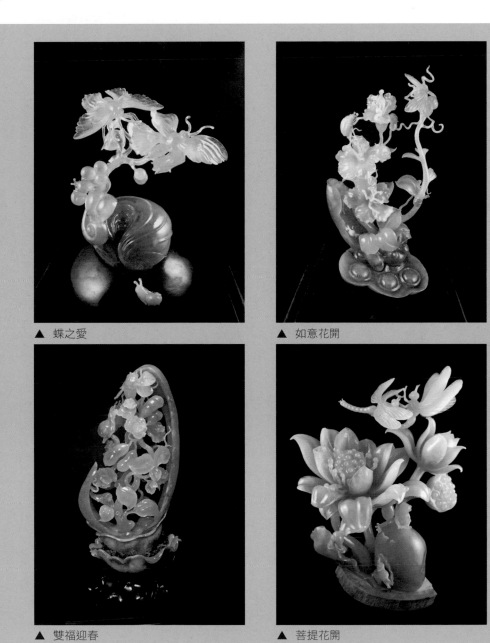

▲ 蝶之愛

▲ 如意花開

▲ 雙福迎春

▲ 菩提花開

▲ 心花怒放

楊樹明

　　楊樹明，保山學院客座教授，亞洲玉雕大師，中國玉雕大師，中國青年玉石雕刻藝術家，雲南省非物質文化遺產傳承人，騰衝縣樹明玉雕有限責任公司董事長。

　　楊樹明從藝 20 多年，刻苦求索，作品細膩靈動，以仿古和人物見長，在中國玉雕工藝及文化基礎上，博采眾家之長，吸取南北玉雕精髓，吸收蘇繡、蜀繡、木雕、石雕、浮雕和現代圓雕等其他文化藝術的特點，使雕刻工具科技現代化，雕刻技藝精深化，翡翠雕刻構圖線條更加流暢，形成獨樹一幟的新騰越派玉雕風格，其工藝審美理念更符合現代人的購物需求。楊樹明在玉雕界中名聞遐邇，其作品甚多，代表作為「風雪夜歸人」、「熟地生緣」、「問路」、「慈航普渡」等，在全國的「百花獎」和「神工獎」中獲得金獎。出版過玉雕專著《玉雕作品鑑賞》。

▲ 風雪夜歸人

▲ 慈航普渡

▲ 夢

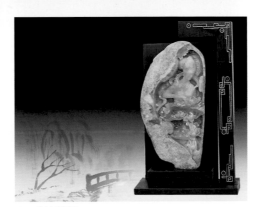

▲ 瑤池夢繞

4

翡翠珠寶設計師

　　翡翠珠寶設計是臺灣女性的天下，她們個個都是匠心獨運的化妝師，將翡翠和各式珠寶巧妙結合在一起。中國的翡翠成品大多是玉雕作品，在珠寶設計上還有很長一段路要走。

 ## 陳怡純

輔仁大學哲學系畢業。

2009 波蘭琥珀設計 MTG Design Award，入選未來藝術家。（波蘭格但斯克）

2009 Rotary Club Firenze Nord, Premo Barducci 珠寶設計參加獎與展出。（義大利佛羅倫斯）

2009 臺南銀樓公會，閃耀時尚首飾黃金賞。（臺南）

2010 Jewellery Scape Exhibition（國際在線金工展）展覽。（義大利米蘭）

2010 Allez! DU GALET! 卵石金工展。（法國科利尤爾）

2012 開始創作凹版直刻，結合版畫與金工。

創作理念：以綠翡做為主石，中間搭配白翡與鑽石的八道光芒，猶如朝陽東升，代表無限新氣與希望，鍊條部分使用紅珊瑚，代表陽光溫暖滋養大地。整體呈現八方新氣匯集一身，猶如旭日東升般活力綿綿不斷。

▲ 旭日東升

創作理念：夜裡觀潮，自觀內省，天上皎潔明月猶如明鏡，一切的力量正在蘊育著，海洋是大地之母，包容一切，明月在黑暗中指引未來。綠翡白翡如月如浪，小鑽有如天上繁星點綴出一片風景。

▲ 潮與月

創作理念：黑翡內斂，綠翡溫潤，千錘百鍊後，成功不需要炫耀，這是自信的表現。千錘百鍊後，品德更令人敬重。

▲ 內斂

創作理念：我擁有你所有的愛，你將我呵護在手心，我們有最堅定不移的愛情。V字型設計如你厚實的雙手，而我如珍貴的黑翡，你將我緊緊擁抱，我們的愛情直到永遠。

▲ 捧在手心的你

182

高沁嵐

臺北市大安社區大學金甌總校區珠寶設計、製作講師，英國寶石協會、臺灣寶石研究室珠寶設計講師。

▲ 蕙質蘭心

創作理念：蘭花又稱「王者之香」、「君子之花」，王勃〈七夕賦〉：「金生玉韻，蕙心蘭質。」喻讚君子品行高潔，或是女子純潔、高雅。臺灣地處亞熱帶，陽光充足、溼度高，適合各類蘭花生長，曾是蘭花最大的出口地區。記得小時候去外公家，在花園裡常常看見他所種植的蘭花及各種花花草草，而我個人最偏愛純白無邪的白色花朵，特以此臺灣特有種蘭花為發想設計。

組成：桃紅碧璽、鑽石、翡翠、18K 金
用途：胸針

▲ 闔家歡

創作理念：一日在陽明山前山公園遇見了臺灣藍鵲鳥，牠們是保育級的動物，十分珍貴稀有。
我在設計中呈現臺灣藍鵲鳥天倫之樂，成鳥哺育幼鳥，一家和樂融融，畫面中充滿繽紛春
意，盪漾色彩，喻家庭和合美滿。

組成：翡翠、鑽石、彩寶、18K 金
用途：胸針

▲ 大業有成

創作理念：大葉盤根，白手起家，勤奮努力，喻大業有
成。以前常常與三五好友相約爬山，在雲霧裊繞的山中，
嫩綠的葉、清晨中隨風擺盪的露珠，顯得那麼明澈純淨。
愛上大自然，眩惑於它的美麗，讓人增長了勇氣，生活
充滿著期待，令人為此而嚮往不已！便以此美麗回憶作
為創意發想。

組成：翡翠、鑽石、沙弗萊石、18K 金
用途：胸針

▲ 綠意

創作理念：歷盡冬風疾吹，大地回春，綠葉崢嶸，
萬物逐漸甦醒，草木欣欣向榮，大地顯現無限生機。
在清晨慢跑欣賞風景，是一天中最美好的事。我喜
歡觀察四季的氣候變化，冬去春來，當枯木冒出新
芽，一切是那麼綠意盎然、洋溢生命力。「今天」
又是一個嶄新的開始。

組成：翡翠、鑽石、18K 金
用途：胸針

王素霞

王素霞，玲瓏有限公司負責人，臺北市戴維營生活藝術協會第 9 屆理事長。

從裸石進口開始，從事珠寶飾業十餘年。1998 創立珠寶品牌 Sue，2008 協辦「珠寶獻愛心暨名牌珠寶特賣會」。

▌ 設計師自述

一款好的珠寶設計，不在它有多華麗、多昂貴、多稀有……而是「她」的實用價值與搭配在主石上相得益彰的生命，以及能襯托主人的特色與質感。

「珠寶」曾經是上流社會一族的專利與收藏，隨著珠寶價格透明化與投資價值概念的抬頭，珠寶設計更扮演著極為重要的角色，消費者不再盲目選購量產制式款或是雜誌廣告頁上的大眾款，而更在乎是否擁有一件屬於自己風格、顏色、線條、創意的珠寶作品。

▶ 作品「甜蜜的枷鎖」系列

王月要

現任王月要國際珠寶有限公司藝術總監,是臺灣第一位進入 Designer area 的設計師,推展中國風珠寶於國際舞臺。臺灣唯一以結合服飾、珠寶藝術,進入國父紀念館舉辦個展的設計師,亦為臺灣中國風珠寶踏入藝術殿堂的里程碑。

2011 年王月要珠寶北京旗艦店隆重開幕,獲選世界華商珠寶十大傑出女性。2012 年,獲選 2012 中國(珠寶行業)品牌女性。

這幾年中國風珠寶在國際間造成一股流行熱潮,很多國際大品牌也陸續採用中國的元素做為設計的主軸,王月要熱愛中華悠久的歷史文化,她的設計領域不脫離文化的精髓,深具東方色彩,期盼將中華文化透過珠寶首飾的詮釋,讓更多人領略珠寶的藝術之美。

神話當中的女媧煉石補天,璀璨的五色石,注入了女神熾熱的靈魂,發出彩虹般的絢麗光芒,傳說那就是珠寶的起源。

因此有人說,真正懂珠寶的行家,是在鑑賞珠寶的靈魂。臺灣珠寶設計師王月要,正是那位賦予珠寶靈魂的現代女媧。她認為每一顆寶石都蘊含著生命,而這些動人的故事,透過藝術家的巧思提煉出來,展示在世人面前。

19 年來,王月要秉持著對中華文化的使命感,從創立王月要珠寶初期就開始並持續至今的結藝、珠寶設計教學,及 1993 年開始進軍國際大型珠寶展,都可看到她大力推廣中華文化、珠寶藝術和美學概念的影子。近年,王月要積極參與中、臺文化交流,除了上海、北京之外,還有成都、天津、瀋陽、海南、河北、蘇州、杭州等城市,王月要那份以發揚中華精粹為己任的熱情,觸動了觀賞者的心弦,培養了許多忠實收藏家。

由於她自詡為中華文化的傳承者,作品極具中國風味,在設計題材上以吉祥涵義為主軸,運用的圖案有牡丹、蓮花、松樹、游魚、飛鳥、祥龍、瑞鳳、福壽等,或是具宗教涵

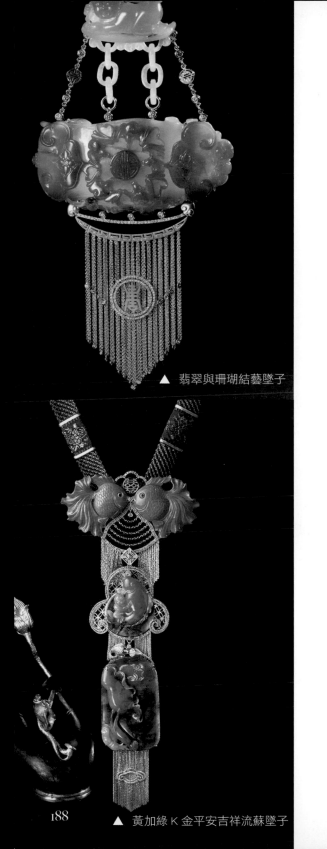

▲ 翡翠與珊瑚結藝墜子

▲ 黃加綠K金平安吉祥流蘇墜子

意的彌勒、觀音，每一個作品皆根據寶石本身特性作搭配，使作品擁有豐富的張力，成為一幅風景畫、一首田園詩或一篇抒情小品文，讓收藏者在購買珠寶時，也同時收藏一段中國歷史。

王月要認為，中國文化之所以能揚名海外歷久彌新，是因為它的博大精深，這其中的精髓就在於「包容」。因此在材質上，王月要使用多樣化的素材，務求凸顯中華文化涵容一切的氣度。設計架構上，雖然她設計的珠寶首飾多以中國古典文飾圖騰為主要風格，卻又能結合現代精湛的鑲嵌技術，為經典之作注入時代感，不僅引領珠寶設計的新風潮，讓寶石更加靈動璀璨，也能讓配戴者展現多層次的佩戴形式，和宜古宜今的東方風貌。

王月要傳承了女媧的智慧與熱情，將醞釀千年的傳統技藝與現代元素融合、磨細、拋光，為珠寶注入嶄新的生命，讓每一個觀賞者和收藏家都能感受到這份文化傳承的悸動，讓中華文化的瑰寶和東方珠寶藝術重燃光芒，閃爍到國際的舞臺。

此外，在 2012 年工月要成立「臺灣創意珠寶設計師協會」，希望能夠給青年學子們一個發揮的舞臺，並且提供想要從事珠寶設計卻不知從何著手的年輕設計師們一個絕佳的機會。

▲ 三彩 K 金翡翠流蘇墜子

▲ 黃加綠 K 金翡翠觀音流蘇墜子

沈鳳蓮

簡歷：

1999 年 GIA 美國寶石學院珠寶設計班結業

1999 年 GIA 美國寶石學院蠟雕班結業

1999 年 GII 美國國際寶石學院寶玉石鑑定班結業

2000 年 GIA 美國寶石學院珍珠鑑定班結業

2003 年 國際珍珠設計比賽入圍總決賽

2007 年 王美玲金工工作室金工班

現任臺北市銀樓職業工會監事、現任臺灣珠寶設計師協會理事

▍設計師自述

在從事珠寶設計之前，珠寶這個行業對於我來說似乎是陌生且遙遠，我的第一個行業是從事家電業，這兩種行業差距頗大，對我來說卻好似兩種不同的人生般，有著截然不同的體驗，也讓我的人生增添了許多豐富的色彩。

對於一個設計師來說，人生的經驗是創作靈感的來源，不同的階段所設計的作品呈現了當時的心境，而這些作品都是每一位設計師的個人特色。許多國際知名的品牌都強調個人風格，這也是他們如此受歡迎的原因。

我對於珠寶設計的靈感大多來自於自然界中的花鳥，大自然所有的生命氣息都讓我深受感動，所以大自然是我設計的來源。我也希望能把珠寶設計與國畫融合，讓每一件作品都自己說話，因為寶

▲ 月影

石本來就有生命，設計師只是賦予寶石靈魂，使它們更加耀眼動人，讓擁有它們的主人也能感受到設計師的用心，且每一件作品都是獨一無二的。我很慶幸能從事這個行業，也感恩來自於大自然的禮物。

　　對珠寶設計的未來發展，我抱持著肯定的態度，因為市場不再局限在臺灣，而是臺灣以外的市場。其中因中國大陸經濟的崛起，不少設計師走出臺灣在中國大陸設點，並成功建立了品牌。這讓想走入珠寶設計這行業的新人們，對未來珠寶設計的市場更增信心！

▲ 花語（梅）　　　　　　　　　　　　　　　　　▲ 成果

夏露薇

　　身為皇族之後，夏露薇自小接觸清朝稀世珠寶，成就非凡藝術鑑賞品味。嫁入三代從事珠寶業家族，學習各種珠寶鑲嵌技術，旅居溫哥華 10 多年，學畫及雕塑，更把珠寶設計融入藝術創作，賦予生命，成為當地傑出藝術家，並深受溫哥華媒體爭相邀訪。

　　2000 年創立 Lu Wei 品牌，以頂級精緻訂製珠寶「傳承的愛」為品牌精神。量身訂製，獨一無二。Lu Wei 珠寶藝術創作深受國內外媒體一致推崇，品牌精神更延伸至國際藝術、時尚中心。

　　Lu Wei 品牌突破一般鑲嵌技法，承襲歐洲歷史工藝，運用世界聞名的捷克雕塑方式鑲嵌，讓每一件作品更具生命力，細節更為逼真，呈現完美臻致的藝術境界。

　　「傳承的愛」是 Lu Wei 品牌的精神，每一件量身訂製珠寶，背後訴說著收藏者動人的故事，它有感恩、傳承、代代相傳的紀念價值，配戴在身上，更能享受生命過程中的幸福與感動。

　　「注入愛的作品才是無價之寶。」夏露薇深信不疑。

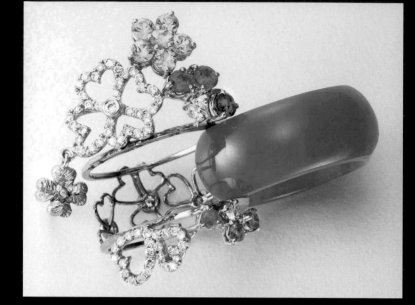

▶ 「騎哈雷的男孩」舊款

▲ 「騎哈雷的男孩」新款

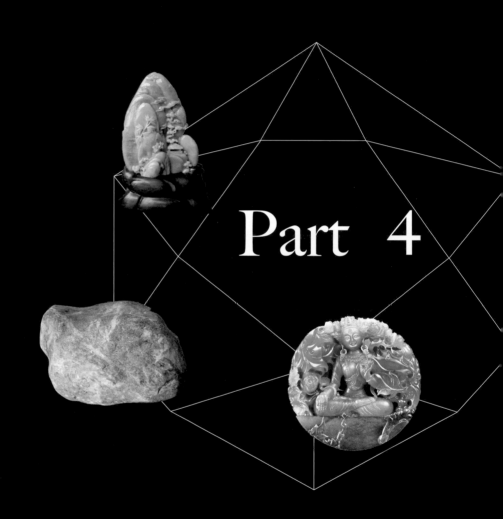

Part 4

1

翡翠飾品的選購要訣

　　花錢要花在刀口上。我們都曾經在翡翠飾品面前徘徊無助,不知道怎樣下手與挑選。除了不會看好壞,更不知道真假,價錢當然一問三不知,很怕自己被騙,相信每一個人(尤其是本書讀者)都有這樣的經歷。筆者曾經在求學階段跑去建國玉市,無助的問了老闆如何分辨翡翠種類與好壞。老闆看我是學生,直接笑著跟我說:「我們這裡是在做生意,如果是要寫作業交報告,我們可是沒有美國時間,別妨礙我做生意。」被潑了一頭冷水,心裡想自己學地質專業,總有一天,我一定要比你更懂,你只是比我早了解接觸這市場而已。後來才知道,翡翠買賣就是花錢學經驗,繳了學費,不管真假與價錢自然而然就懂了。準備好了嗎?繼續看下去。

 ## 如何正確觀察翡翠顏色

　　對翡翠來說,顏色就等於其價值。顏色差一級,價格可以差 10 倍。因此,影響翡翠顏色的因素不得不知。

光源

　　行內有兩句話：「燈下不相玉。」「月下美人燈下玉。」就是說翡翠的顏色在燈光下是看不準的，就像晚上或白天看美女會有不同感受。看無色翡翠，櫃檯通常用偏白的冷光，看起來會更透。翠綠與黃翡通常用暖色系黃光投射，顏色就會更濃。現在高科技的 LED 燈可調節光的明亮度，讓珠寶顏色看起來比實際上加分許多。以不同的光源觀察翡翠會有不同的效果，因此最好的光源就是利用自然光。通常在晴天，上午 10 點到下午 2 點，在窗戶邊觀察最好。如果陰天或晚上觀察翡翠，就要特別注意是用哪一種光源。翡翠最怕用日光燈觀察，這樣會讓翡翠顏色更加暗沉，沒那麼鮮豔。這種情況通常是在自己家裡，剛買回來的翡翠，透過自己家裡的日光燈一照，感覺好像被老闆給騙了，是不是偷偷掉了包呢？還是這翡翠會掉色呢？不懂這原因的人還真容易被搞糊塗了。在珠寶店用的珠寶燈大多是鎢絲燈，也就是黃光，用來觀察翡翠顏色會更加鮮豔，看了會非常心動。燈光美，氣氛佳，這樣賣翡翠成交率就非常高。有時候我帶學生去校外教學，通常都會讓店家把翡翠帶到戶外，利用太陽光觀察一下顏色，才不至於買了以後後悔。

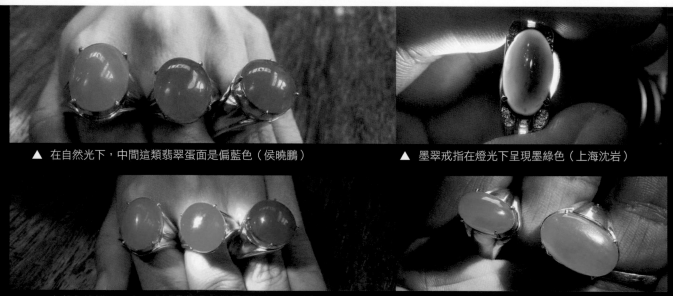

▲ 在自然光下，中間這類翡翠蛋面是偏藍色（侯曉鵬）　　　　▲ 墨翠戒指在燈光下呈現墨綠色（上海沈岩）

▲ 在黃色筆燈下，中間這顆翡翠蛋面是偏黃綠色（侯曉鵬）　　▲ 用黃色筆燈照射，翡翠通常都會呈現偏黃綠色

▼ 在陽光下觀察翡翠顏色最自然（仁璽齋）

▌互相比較

所有寶石的顏色都怕比較，翡翠也不例外。就算同一塊翡翠，磨出來的顏色也會有些差異。但沒有幾個人可以把所有綠色記起來，因此拿幾顆翡翠出來比較，或者自己搜集一套綠色翡翠標本，可以當比色石參考。

▌襯底與背景

在不同的背景下觀察翡翠，也會有不同效果。通常買賣翡翠都會用白紙包裝，或是黑底的包裝盒來襯托。白紙會使翡翠顏色稍微偏淺，黑色襯底則會使翡翠顏色視覺效果偏暗。如果翡翠製品很薄，賣家通常會在底部墊一層錫箔紙，顏色就會跳脫出來，很搶眼。消費者千萬不要上當，因為那不是真正的顏色。因此在選購翡翠飾品，最好是放在自己的手指上觀察，看看比例大小與顏色深淺是否適當。

▲ 黑色背景能讓綠色和白色翡翠更加出色（臺南沈小姐）

觀察顏色是否均勻

要觀察翡翠頂面、側面、底面不同方向的顏色是否均勻。若是透明的翡翠，可以放在一杯水中，看看顏色分布是否均勻。顏色均不均勻會影響到翡翠的價位，尤其是蛋面或墜子。顏色除了均勻分布外，也要注意顏色是否越來越深，或是顏色偏黑、偏灰都不好。

由①—⑤，綠色翡翠戒面的水頭呈遞減趨勢，水頭越好，翡翠戒指的價值越高

（吉品珠寶）

（吉品珠寶）

（三和金馬）

（三和金馬）

（三和金馬）

白色透明度

◀ 以電腦模擬的白翡透明度對比圖，筆者將其分為 5 級

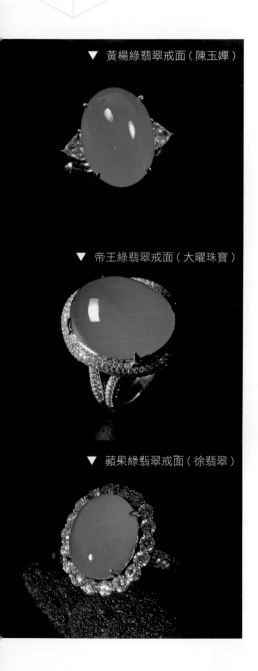

▼ 黃楊綠翡翠戒面（陳玉嬋）

▼ 帝王綠翡翠戒面（大曜珠寶）

▼ 蘋果綠翡翠戒面（徐翡翠）

顏色的鮮豔程度

我們都知道翡翠翠綠的顏色主要是由含鉻所造成。筆者在臺大研究所研究中發現，翠綠色與鉻鐵礦及鈉鉻輝石有密不可分的關係。分析指出，氧化鉻成分從 0.16% ～ 3.14%，越鮮豔氧化鉻成分越高，若偏暗綠色，則氧化鐵成分偏高。在商業上，帝王綠、辣椒綠、祖母綠、陽綠等都是鮮豔綠色的稱號。金絲綠、黃楊綠、蘋果綠和秧苗綠等是亮綠色的稱法。至於豆綠、瓜綠、水綠為淡綠色。墨綠、油青、菠菜綠等都屬於較暗綠色，當然價值就差很多。

觀察翡翠的水頭

翡翠不是單一礦物，是由許多種礦物所組合而成的集合體（硬玉〔輝玉〕、鈉鉻輝石、綠輝石、角閃石、藍閃石、透閃石、鈉長石等）。所以它的組成非常複雜，同一塊翡翠顏色分布與透明度也不盡相同。這也是那麼多人願意撒下千金萬金去賭玉的原因，賭水頭就是賭它的透明度，光從表皮用強光照射可見 1 ～ 3cm 者，也只能猜測 5 到 10cm，無法從一點去證明整顆翡翠是否為完全透明或半透明。除此之外，用筆燈打可以見到透明度 1 ～ 3cm，這一顆就價值不菲了。根據歐陽老師的說法，水頭足屬玻璃種，水分 3 分。水頭尚好屬冰種，尚透明，品質尚佳，水分 1.5 分。水頭很乾屬粉底，不透明，品質次等，無水分。

▍觀察有無裂紋（瑕疵）與雜質

　　挑選翡翠都會利用小手電筒觀察有無裂紋（瑕疵）。觀察的時候要上下左右確實檢查一遍，不可馬虎。裂紋通常為白色，商家有時候會說是石紋。不管天然石紋還是人工切磨所出現的裂紋，都會影響翡翠價值。雜質就是白絮或黑色、雜色礦物。雜質過多，也會降低品質，能避免就盡量避免。

 ## 如何挑選戒指

　　為何要買戒指呢？有些人認為手指併攏後有縫隙，聽算命的說會漏財，因此需要戴個戒指補財庫。有人戴尾戒，說是可以防小人（辦公室裡打小報告的人真多啊）。由於流行的風潮，很多歌星演藝人員把戒指戴在大拇指，超酷炫，一堆粉絲也一窩蜂學著戴。把戒指戴在食指，是很多有自信的 SOHO 族或金融、保險、股票、房屋、汽車、美容業等簽約或舉手投足間表現自信與展現自我的象徵。至於戴在中指與無名指，一般意味著自己已經名花有主，或是宣示主權：請少來煩我。有一對剛結婚不久的年輕夫妻，先生不太習慣戴戒指去上班，有一次老婆發現他摘下戒指，為這件事吵了好幾天。因為老公英俊挺拔，辦公室內很多小女生都以為他還單身，會傳簡訊約他吃飯看電影。老婆打翻了醋罈子，只要一天看到他手上沒戴戒指，就會跟他吵個沒完沒了。至於要戴左手還是右手好，阿湯哥建議：喜歡就好。自己有自主權，平常就是男左女右，開心時也可以左右手交換戴，愛怎麼戴就怎麼戴，誰能奈你何。

戒指可分為素面與鑲嵌戒面兩種：

素面型翡翠戒指

　　素面型翡翠戒指是指整個戒指都是由翡翠一體切磨而成（一圈），不需要戒托，直接戴在手指上。素面翡翠因為體積比較大，所以價位比同品質的翡翠貴許多。很多人喜歡某個戒指顏色或造型，卻因為大小不合而放棄，所以在選購時就要考慮指圍大小問題。因為人會因為季節冷熱而指圍大小有變化。簡單的可以換手指或左右手交換來戴，就怕手指全部變粗，戴不下了。另一方面，由於翡翠戒圈常會接觸到桌面或是其他東西，要是不小心碰裂就非常可惜了。

　　素面翡翠依照種類常見的有：

1. 扳指

　　翡翠扳指在古代是射箭時用於保護拉弦手指的套管。清朝入關後，滿人少用弓箭，變成高官把玩的行頭，皇帝偶而會賞賜給大臣。由於乾隆皇帝特別喜歡扳指，滿朝文武官員也開始收藏玉扳指。現在有一些詩人或文人雅士在吟詩作對時，喜歡在手上把玩，表示其高尚品味。清朝留下來的扳指有和田白玉與翡翠扳指。扳指的內徑約 20mm，高 20 ～ 45mm 不等，壁厚約 4 ～ 6mm，有時候上口會有斜切一刀，下口平整。現在市面上好品質的翡翠扳指不多，倒是有些染了色的 C 貨，在北京潘家園花幾百元就能買到。

▲ 寬版的馬鞍戒　　　　　　　　　　▲ 買扳指要注意手圈的大小、戴上後的鬆緊程度

▶ 帶 K 金戒圈的黃翡馬鞍戒，K 金戒圈可以防止底部翡翠撞裂（仁璽齋）

2. 馬鞍戒指

形狀就好像是馬鞍一樣，故稱為馬鞍戒。馬鞍戒有分馬鞍上半部與馬鞍加上戒圈。常見的馬鞍戒都是白底青產品居多，主要就看翡翠材質有無裂紋，戒面大多都會取比較綠的部分，戒圈通常都是沒有顏色居多。頂級的馬鞍戒是種、色都好，非常珍貴與難得一見。挑選時要注意戒圈大小，因為指圍已經無法改變，且戴的時候要很小心，避免碰撞斷裂。試戴時也要注意不要過緊或過鬆，戒圈最好可以大半號到一號，太大很容易不小心脫落遺失或摔斷裂，尤其是洗手或洗澡使用肥皂的時候。喜歡馬鞍戒的通常品味都很高，常常是貴婦。男士佩戴與收藏馬鞍戒都是年紀稍大、事業有成的大老闆，一看就知道家財萬貫，有可能是土財主。

馬鞍上半身通常都會選擇翠綠部分。戒腳會搭配 K 金鑽石戒托或黃金配蘇聯鑽（氧化鋯石）戒托。要特別注意高翠馬鞍戒面戒指通常都有挖底，而且薄薄一片。一般來說都會在底部灌膠，避免斷裂，並增加穩定度，所以 B 貨的比例相當高。有些時候也會做成墜子。挑選馬鞍戒指主要看它的厚度，也要看它的水頭、顏色、雜質，很多臺灣人給父母祝壽會挑馬鞍黃金戒當禮物，戒腳是活動式的，不怕手指戴不上去或脫不下來。

鑲嵌型翡翠戒指

戒托以白金、K 黃金、玫瑰金、黃金、銀等材質為主。主要製作的方式有爪鑲、夾鑲、包鑲等方式。主要搭配的配

▲ 白底青馬鞍雕花戒指（純翠堂）

▲ 流蘇設計的翡翠戒指（三和金馬）

▲ 豪華鑲鑽老坑翡翠戒指（三和金馬）

▲ 陽綠，種水俱佳翡翠戒面，長方形造型，非常考驗設計師的功力（三和金馬）

▲ 玻璃種翡翠鑲鑽戒指基本款（三和金馬）

▲ 冰種黃翡雙葫蘆鎖戒，難能可貴（三和金馬）

▲ 復古如意鑲鑽戒指，種水色佳（三和金馬）

▲ 簡約設計，適合年輕上班族（同宣閣）

石為各種顏色的翡翠、鑽石、紅藍寶石、碧璽、珊瑚、珍珠等寶石。製作的方式有純手工與蠟雕製模鑲嵌，兩者之間差異主要是手工製作成本高，但是可以依照自己想法與設計去製作戒指。以臺灣為例：簡單的 6 爪手工製作費用約 2,000 ～ 2,500 元，稍微複雜一點要 3,000 ～ 5,000，手工繁複者要 6,000 ～ 1 萬。如果是鑄模臺，簡單的要 1,000，複雜一點要 2,000 左右。鑄模臺大致用於大量製作相同尺寸產品，有時候可以再經過手工稍微加以修改。它的缺點就是爪子或戒腳比較容易斷裂，沒有手工打造細膩。在銀樓成

批相同款式的翡翠幾乎都是鑄模臺，珠寶店不同設計款式大多都是手工臺。

　　鑲嵌的翡翠主要形狀有：蛋面、馬鞍、馬眼、水滴、心形、長方、懷古型、不規則等形狀。其中又以蛋面翡翠最令人注目與關愛。挑選蛋面翡翠要注意其形狀與比例。一般蛋面造型有雙凸型、平凸型與凹凸型三種。其中以雙凸型價值最高，平凸次之，凹凸型最低。其長、寬、高比以肉眼觀察順眼為主，但是仍然有一個理想的比例。

　　翡翠的綠色那麼稀有，可遇而不可求，因此都會就料去切磨，有時候就會出現比例較不完美的現象，有的偏胖，有的偏瘦。胖的可以再修改，瘦的就越修改越小了。一般橢圓蛋面翡翠有一個標準的比例，比方說 6*8、7*9、8*10、10*12、12*14、14*16 等，尺寸越大價值越高，也越稀有。蛋面翡翠如果厚度太薄就會顯得不夠完美與飽滿，也會漏光。厚度夠厚的翡翠蛋面能增加其亮度與晶瑩剔透感。過薄的翡翠挖底，如同一個雞蛋殼，容易碰裂，一般會灌膠在底部，在鑲嵌的時候，會把整個底部包起來，在選購的時候可以問老闆有無包底，也可以翻到背後看看底部是否為金屬包起來的，如果厚度夠的，通常都會鏤空，或者無包底。

 ## 如何挑選墜子（吊墜）

　　很多女生因為嫌自己手指粗短，不想戴戒指，就選擇買個墜子來戴。墜子有 2 個優點：1. 不需要在意手圍大小，因此也不需要知道送禮對象的手圍大小；2. 可以在不同場合搭配不同款式的鍊子。基本上，鍊子約 14 ～ 22 吋長，無論頸圍大小都可以配戴（標準長為 16 ～ 18 吋，有些鍊子後面可以加 2 吋延長）。最簡單的佩戴方式是用中國結或是 K 金項鍊，最近還流行用黑繩來佩戴，不但時尚年輕，也節省了買 K 金項鍊的費用（最近 10 年黃金漲價 3 ～ 4 倍之多）。

　　配戴翡翠墜子不但女士喜歡，連男生也喜歡，最常見的就是保平安的觀音與佛公。在

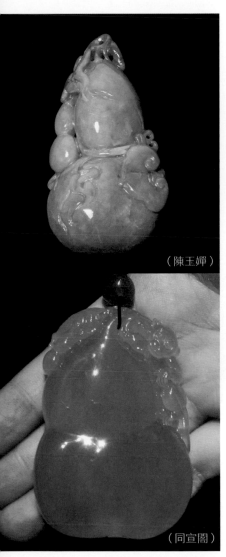

（陳玉嬋）

（同宣閣）

▲ 三彩豆種葫蘆與冰糯種葫蘆
質地比較

中國大陸，很多人都有男戴觀音女戴佛的觀念，無論是小朋友還是大人都有這習俗；在臺灣則是男戴佛公女戴觀音。更多中國人戴墜子是喜歡其雕刻內涵。總而言之，心裡想要什麼，就找那個題材來配戴，希望心想事成。長輩會幫孫子輩準備平安扣或者是如意、長命鎖、十二生肖動物，希望他們出入平安、健康長大。

除此之外，墜子最常見的造型還有十字架、貔貅、葉子、龍鳳、懷古、豆莢、福字、葫蘆、壽桃、竹節等。想保平安的人會選擇彌勒佛、觀音、十字架；想要招財就選貔貅、蟾蜍；想長壽就挑壽桃；要有好福氣的就選豆莢、懷古、葫蘆；想找吉祥護身符就挑十二生肖動物、龍鳳。

選擇時要注意雕工是否精緻、形狀（外型輪廓）是否完整、厚薄是否適中、質地是否輕透、雜質與裂隙是否多而明顯、顏色是否不均勻或過深偏暗、拋光是否光亮、體積大小是否與自己身材比例符合，最後就是是否搭配衣服的款式與顏色。

有些色彩學的老師會建議依照生辰八字或是星座、血型，搭配不同顏色的珠寶或翡翠出門。選對顏色是很重要的事。像我有次穿了一件深藍色的上衣，有位同事就說我看起來很年輕，也很好看，那天上起班來心情就特別好，隨時就想照照鏡子，看看氣色是不是有變好。而當我們戴上了心愛的墜子，卻整天都無人聞問，就代表這作品有點失敗，或是可能不適合自己。除了選擇款式與搭配的衣服外，更重要的是配戴的人的膚色：皮膚白一點的，無論戴哪種吊墜都好看；皮膚稍微黑一點的可以選擇透一點或是淺粉色系的翡翠。墜子搭配的皮繩或

玻璃種佛公與油青種佛公玉墜比較。在挑選佛公吊墜時，除了看材質外，還要看佛公的大小、身材比例、對稱、眼神等

K 金項鍊長短，則看衣服的領口深淺而定。長項鍊能顯示性感與嫵媚，適合親友晚宴或是生日派對的時候；短項鍊適合平日上班、居家或逛街時佩戴，比較能顯出端莊的氣質。

素面墜子

1. 圓形

　　圓形素面最常見的就是懷古（中央孔直徑約 2 ～ 3mm）、平安扣（中央孔直徑約 3 ～ 5mm）、手環型（小手鐲，內圈大於鐲子厚度）。圓形因為製作較為簡單，所以也最常見。中國人喜歡圓滿、團圓，當不知道該送人哪種翡翠墜子好的時候，就送懷古或平安扣吧。很多人會送剛出生的嬰兒平安扣，希望孩子能平安長大，以豆種的翡翠為例，一件從幾百塊到上千塊都有，比送黃金省錢。小玉環因為手圍較小，一般大人無法配戴，因此都是給小朋友佩戴，但沒兩下就會摔斷了，除非家裡自己在賣玉，不然還是挑選比較不容易摔壞的玉墜給小朋友佩戴較好。

2. 心形

　　心形是很多女生無法抗拒的形狀。挑選心形墜子要注意其比例是否對稱，有一些心形偏向一邊，老闆卻說心臟本來就偏一邊，代表人本來就會偏心，無法公平。也有雕刻成兩顆心連在一起的，叫心心相印，或是一枝箭穿過兩顆心，叫一串心。心形墜子要注意厚度與弧度，也要注意顏色與瑕疵。

3. 長圓柱狀或管狀

　　明清時代禮帽上飾翎之用，長管裡面掏空，可以用來插羽毛。目前僅用作造型，非常少見。有時特別用在復古的

（吉品珠寶）

▲ 不管顏色與質地，我們都可以很清楚的看出，右邊翡翠豆的價值高於左邊

造型上，非常有中國風味。

4. 長方、正方或菱形

在選購此形狀的翡翠要注意其厚度，厚度太薄容易撞裂，挖底的可以打開背面 K 金觀察厚度。其次就是注意顏色是否均勻、水頭好不好、有無雜質等。

▌雕花翡翠墜子

拿來做墜子雕件的翡翠，大多都是些裁切後剩下來的邊角料，因此成品幾乎都不對稱，不是左右歪斜或缺邊，就是底部不平整。如果是取鐲心來製作墜子，肯定每一個都完整圓

▲ 玻璃種事業有成玉墜（翠靈軒）

▲ 小龍吉祥玉墜（翠靈軒）

▲ 老坑冰種鑽墜（吉品珠寶）　　▲ 老坑玻璃種辣椒鑽墜　　　　▲ 秧苗綠水滴鑽墜（三和金馬）
　　　　　　　　　　　　　　　（吉品珠寶）

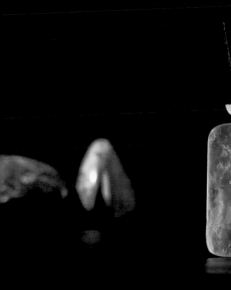
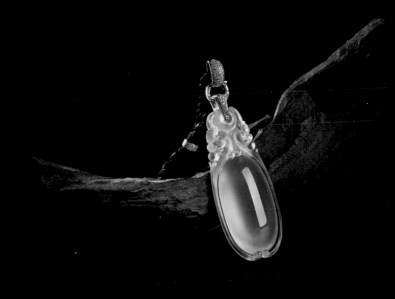

　　　▲ 高冰蘭花玉牌（翠靈軒）　　　　　▲ 玻璃種福在眼前吊墜（翠靈軒）

滿。因此在挑選時要盡量找外型完整對稱的（圓、橢圓、正方、長方、菱形、三角形），另外就是要注意其顏色分布與俏色。如果說翡翠雕花墜子的材質與顏色占了 6、7 分，那另外 3、4 分就是雕工與創意了。好的材質一定要找老師傅來雕刻，當然，若能把別人當成廢料的玉材雕出不朽的身價，就更延長了翡翠的生命，要像這樣化腐朽為神奇，除了要有好技藝，對翡翠材質的深刻認識與對顏色藝術的充分掌握也是必須的。雲南騰衝玉雕大師楊樹明創作的「風雪夜歸人」就是最佳寫照。

 ## 如何挑選珠鍊

翡翠珠鍊一直是國際珠寶拍賣會的焦點，每次的成交價都是當次拍賣會中價格最高的前幾位。常見的珠鍊有綠色與紫色兩種，分單串與雙串，也分短串與長串（103 顆）。有的是整條大小一致，有的是漸次由小至大。通常由小至大的稱為「寶塔珠鍊」。翡翠珠鍊要成串相當不容易，因為每顆品質都要很接近，目前市場上價格非常兩極化，一串珠鍊有幾千到幾百萬元的，也有一條好幾億的。一般珠子直徑大小在 8～12mm，最大可以到18mm 左右。珠子越大就越稀有，也就越昂貴，若買不起太高檔的珠鍊，也應挑選 10mm以上的珠子。短的珠鍊比較實用，參加喜宴就可以穿戴。珠鍊平常不方便戴出門逛街，通常是在正式場合佩戴。年輕人很少會戴珠鍊，一方面顯得老氣，二方面是沒財力購買。通常都是當婆婆的人在娶媳婦時佩戴，最受到親友矚目；或者是在大壽宴客場所上佩戴，顯示主人家的家大業大。打磨翡翠珠子相當耗材，且要選擇完全無裂且顏色均勻，相當不容易。要研磨珠子首先要將翡翠切割長條細柱狀，然後再切割成一小塊一小塊正方體，接著把它滾圓磨成圓珠。打洞也是一門學問，珠子一打歪了就毀了，現在大多用超音波來打洞。在緬甸瓦城可以買到很多便宜的珠鍊，一串幾百塊，買回去以後可以自己再挑選分類，把顏色較好的放在一起，按照自己喜歡的樣子，串成不同大小、長度的珠鍊。長與短手鍊也

有很多佛教徒喜歡，當作是念珠，平常沒事就拿出來唸經用。好的珠鍊就是種要老、水頭夠好，不能有裂紋，也不能有黑點，而且珠子都要渾圓，洞不可以打歪，不能打出小裂口。珠子與珠子之間有時會用小隔板間隔，講究一點的會用 K 金鑲小鑽。在珠子與珠子之間通

▲ 翡翠珠鍊（大曜珠寶）　　　　　　　　　　▲ 翡翠套鍊（純翠堂）

常會打個結，避免繩子斷裂珠子就掉滿地。珠鍊鎖頭也很講究，有的用了日本人發明的強力磁鐵，只要稍微靠近就吸進卡榫裡。傳統式的珠鍊鎖頭為 K 金鑲鑽，有時會鑲小珍珠或紅藍寶石。較便宜的萬元左右的翡翠珠鍊鎖頭，一般就是純銀鑲蘇聯鑽，以降低成本。

如何挑選套鍊

　　人們第一眼看到翡翠套鍊的印象就是貴氣逼人，講究的是設計與豪華。套鍊可分小套鍊、中套鍊與大套鍊。小套鍊中的翡翠較少，適合 40 歲以下的上班族，白領階級開主管會議或者生日派對時佩戴；中套鍊就是翡翠占了一半，有點奢華又低調，強調的是設計風格，蛋面或懷古大小取決於價錢；大套鍊是指整條套鍊上都是翡翠，是企業家夫人與官夫人的必備家私，通常都得成套佩戴，包含耳環與墜子。目前隨便一套綠色翡翠套鍊都要好

（大曜珠寶）　　　　　　　　　　　　　　　　　　　（徐翡翠）　　（大曜珠寶）

▲ 玻璃種翡翠套鍊。翡翠珠鍊大小與長短，可依照自己喜歡的款式來挑選，珠鍊佩戴也要考慮到具體的場合，其中套鍊最能體現主人的身分與地位

幾千萬，破億也是司空見慣，等於是把一間房子或別墅，又或是一輛藍寶堅尼或法拉利跑車戴在身上。或許有人一輩子也賺不了這麼多錢，也有人就算有這麼多錢也不會買。一般人看到這些有錢人下手之快，連眼睛都不眨一下，會覺得他們實在太奢華浪費了。其實，他們買這樣稀有的翡翠也是一種藝術投資，過個 3、5 年就會翻了好幾倍，一般上班族是連想也不敢想。

如何挑選手鐲（鐲子）

中國人有買鐲子送給媳婦當傳家寶的習俗。若是到男方家裡做客時，男友的媽媽（伯母）拿出手鐲給妳試戴，基本上就是答應了這門婚事，認了妳這個媳婦，所以很多女生的第一件翡翠飾品就是鐲子。你是否也正在尋找生平的第一只手鐲呢？該怎麼挑？去哪裡買？會不會被騙？真假怎麼看？價錢怎麼開那麼高？怎麼砍價錢呢？這些都是頭一遭買翡翠時會遇到的問題。你的心情我很了解，只是價錢，真的連我也看不準，就算是請 3 位行家來估價，相差幾萬到幾十萬都有可能。現在的翡翠手鐲價差之所以這麼大，主要是因為這 10 年來的進貨價格相差太大，相同品質的翡

▲ 觀察一下翡翠內部有無雜質或裂紋（仁璽齋）

▲ 看一下手鐲顏色與膚色搭不搭配（仁璽齋）

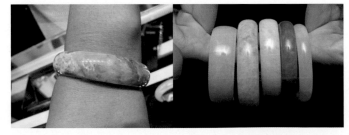

▲ 試戴手鐲很重要，要注意手圍大小和戴上後的鬆緊程度（仁璽齋）

▲ 不同寬窄的手鐲，從左到右，越來越窄（仁璽齋）

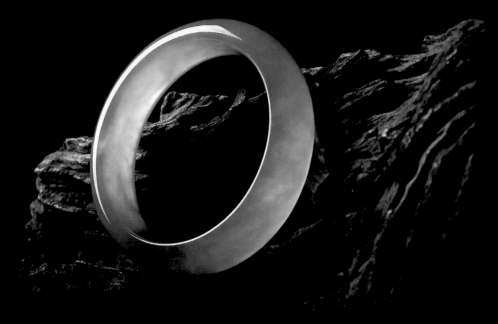

▲ 滿綠高冰種手鐲，水佳，值得收藏（翠祥緣）

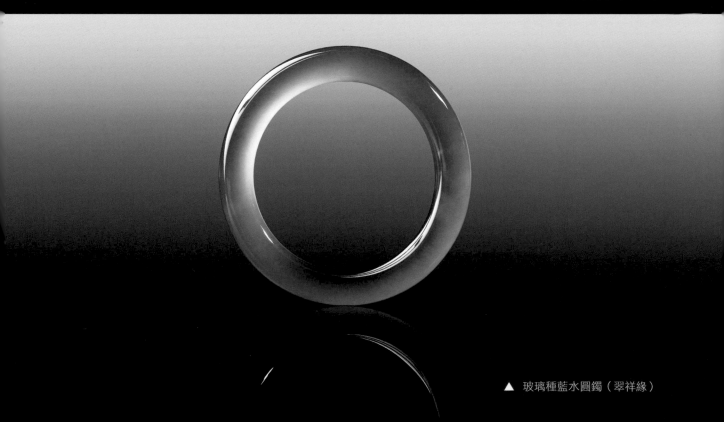

▲ 玻璃種藍水圓鐲（翠祥緣）

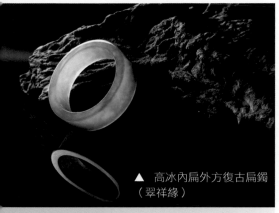

▲ 高冰內扁外方復古扁鐲
（翠祥緣）

▲ 糯冰紫羅蘭貴妃鐲

▲ 糯種黃翡雕花手鐲
（泰隆珠寶）

翠，現在的進貨成本跟 10 年前相比是 10 倍到 20 倍以上。

手鐲的外型

　　鐲子的外型，有從古代流行到今天的圓鐲、這 20 年來流行的扁鐲以及小巧可愛的貴妃鐲（鵝蛋形）這 3 大種。其次是在整體表面上雕刻花紋、正面上雕刻紋路的鐲子與麻花形狀的鐲子、外方內圓的鐲子（類似玉琮）、內扁側面方形的鐲子等，這幾樣都比較少見，不過還是有些人特別喜歡。

1. 圓鐲

　　圓鐲製作費料較多，往往是國際拍賣會上的常客、收藏家的最愛。手比較細長（手臂骨架較細者）、人比較嬌小、體重在 50 公斤以下者，戴起圓鐲比較好看。圓鐲的手圍通常都不大，臺灣圍大概在 16.5 ～ 18.5，香港與中國大陸圍在 52 ～ 58。圓鐲通常寬度不寬，約在 8 ～ 10mm 左右，手臂較有肉者戴太細的圓鐲會顯得不太搭調，但圓鐲寬度太粗就喪失了美感。戴圓鐲做起事來會比較不方便，所以古代戴手鐲的人都是富貴人家的婦女，家裡有丫鬟幫傭，不需要親自煮飯燒菜，每天就是擦擦粉、補補妝，只要跟老爺上上館子吃吃飯，不然就是跟三姑六婆逛逛街就好。

2. 扁鐲

　　平常出門逛街或在家做家事都適合，算是比較大眾化的

手鐲，大概占目前市場比例的 7 成。符合人體工學原理，戴起來很舒服，不卡手。扁鐲手圍的臺灣圍為 16 ～ 20，中國大陸與香港圍為 51 ～ 59。小於 16 號算是兒童手圍，大於 21 號算是特大號，再大的手圍也有，可以訂製。適合戴扁鐲的人，通常手臂較有肉，戴起來比較有福相；太瘦的人戴扁鐲，手鐲很容易滑到手肘處。扁鐲內徑大小與寬度通常成正比，內徑越大，寬度越寬。有些女生特別愛超寬板的手鐲（2 ～ 5cm），但寬度越大，越耗材料，有時候一只手鐲可以再切出 2 ～ 3 只手鐲，較適合用磚頭料製作（質地差一點）。質地越好的種、水料，通常手圍都在 17 ～ 18.5（臺灣圍）。手圍過小會找不到主人（小手圍通常年紀較輕，沒錢），但手圍粗一點（21 號以上）還是可以找到有錢的太太。

3. 貴妃鐲

這也是最近 10 幾年才流行的形狀，有人稱為「鵝蛋形手鐲」。通常適合身材比較瘦小，40 ～ 45 公斤，高 160cm 以下的女生，手圍大概 15.5 ～ 17.5（臺灣圍）左右。由於骨架小，戴起來就比較貼手，有古典美女弱不禁風的味道，惹人憐愛，所以取了這個好聽的名字──貴妃鐲。

▲ 和田青玉麻花狀手鐲，相當少見（遺宅堂）

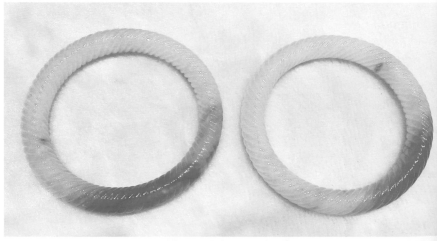

▲ 白底青螺紋手鐲，一對 150 萬

4. 雕刻紋路手鐲

通常翡翠的質地和種較差、裂紋較多，才會在手鐲表面上雕刻花紋（例如：古錢與瓜籬），有一些還是機器大量雕刻的。另外有一些會在手鐲上方雕刻出立體的龍與鳳（或雙龍搶珠），這種手鐲就是因為捨不得把綠色給去掉，便在上面做雕刻，材質通常都會取福祿壽三種顏色。至於其他內圓外方或是水管形的手鐲，並不多見，偶爾會有些人特別想找這些款式，但通常也不會特別去裁切製作，都是磚頭料居多。

5. 麻花手鐲

材質與顏色都不錯的手鐲，但是表面有少許的小紋路，因此雕刻成麻花形（或螺紋）手鐲。麻花形手鐲有時候會鏤空分開，作工就非常細膩，不過不常見，少數可見的為古代白土手鐲。

6. 竹節手鐲

外形就是竹節形狀，有「竹報平安」與「節節向上」的意味，也不常見，通常都是內部有小石紋才會這樣雕刻。

手圍對照表

臺灣	中、港
16	51
17	53
18	55
19	57
20	59

臺灣熱銷手圍 17 ～ 18.5，中國大陸熱銷手圍 55 ～ 58。
臺灣手圍通常是有半號的，例如：17.5，18.5。

▎試戴

　　看中一只手鐲後，要知道能不能戴得下，就得試試看。戴手鐲有一些小技巧。太貴重的手鐲千萬別亂試戴，有時候不小心滑手，或是戴下去拔不出來那就挺麻煩的。記得有一次帶學生去一家頂級珠寶店校外教學，出發前交代學生看就好不要試戴，有一個當銀行經理的學生偏偏就不聽話，拿起了一只30萬的手鐲試戴，因為手鐲太緊了，拿出來的時候不小心掉在地上，鐲子當場斷成3截，我還沒來得及開口，她立刻從LV包裡面拿出支票簿，開了一張30萬的銀行本票，面不改色的說：「這一個我買了，不好意思，嚇到大家了。」

手鐲試戴過程演示（勐拱翡翠）

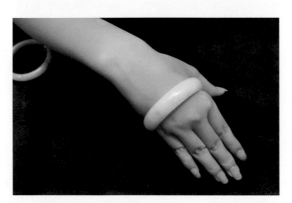

❶ 先在手上擦乳液

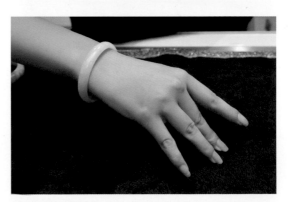

❷ 將乳液均勻塗抹在關節及手背處

❸ 試戴4隻手指，若可以緊緊戴下，那麼這只手鐲大概適合你

❹ 手鐲戴到手腕上以後，可以移動3～5公分，為最適合大小。若無法移動，卡在手腕上，就表示大小不合適

其他同學對她的英勇事蹟都讚不絕口，嘖嘖稱奇。

　　戴過手鐲之後，最好記住自己手圍大小。有時夏天與冬天的手圍也會有差異。有些眼尖的老闆一看大概就知道你的手圍幾號。不是身材胖手圍就大，而是要看手掌的骨頭硬不硬。通常在家不需要做家事的人，細皮嫩肉，手掌的骨頭也軟；相反的，在家裡要拖地洗碗搬東西、煮飯燒菜幹粗活，就算身材瘦瘦的，手掌的骨頭會變硬，戴的手圍也大。

　　戴之前最好塗一下乳液或嬰兒油，避免過度摩擦產生紅腫。也可以戴上 PE 塑膠手套，有相同的功用。試戴時先將 4 指放入手鐲內（大拇指在外），如果下壓可以卡住關節就是有機會戴進去。戴的時候要注意大拇指與食指關節，最好有朋友幫忙戴，自己戴有時候怕疼，就不敢戴了，通常都要感到非常疼，圈口才剛好，如果一下就戴進去代表圈口太大。試戴時可以在桌上放一塊毛毯或者是浴巾，以免滑落到地上摔斷。戴上去之後舉高手，看看手鐲落在手臂的哪個位置，要可以稍微移動 3～5cm 最好。圈口太大很容易在洗澡或洗手時滑出手，太小則未來不但無法脫掉，也會阻礙手臂血液循環。有人喜歡每天將手鐲戴上拔下，換不一樣的手鐲戴，也有人同一隻手戴兩只手鐲，說這樣聲音鏗鏘有力，比較可以提神。但這樣容易讓手鐲互相碰裂磨損，除非自己是賣翡翠的，斷了再換新的就好，不然不建議這樣佩戴。

▲ 經過撞裂造成的裂紋　　　　　　　　　　▲ 天然原石產生的裂紋

觀察手鐲有無裂紋或石紋

手鐲有無石紋或裂紋，價值差別很大。商家去買貨，一手（10 ～ 15 只不一定）手鐲通常會有 3 ～ 5 只有大小不等的裂紋。這些裂紋有些是原石就有的，有些是切割時產生的，更有些是不小心互相碰撞產生的。不管如何，上游買賣手鐲是批發，不能挑貨色。拿到這幾只有裂紋的手鐲該怎麼辦呢？有些店家會誠實告訴客戶，就用原價的五到十分之一便宜賣了吧。有些則會說這是石紋，每一只手鐲都有，要客戶放心。不管再怎樣喜歡，有石紋就代表它有瑕疵，會不會立刻斷掉不得而知。通常平行於鐲子面上的石紋都是天然的裂紋，如果是不小心撞裂的裂紋，則是垂直於鐲子表面。

買翡翠時，最好隨身攜帶手電筒或筆燈，不然就在珠寶店或玉市攤位上的燈泡下觀察有無裂紋。可以用大拇指與食指捏著鐲子轉一圈，如果有石紋或裂紋自然就會現身，一清二楚。如果有帶筆燈，從內側往表面打光，繞一圈慢慢仔細觀察，不得馬虎。若發現了小石紋，可以用手指摳摳看，如果摳得到，表示已經裂到表面，可以毫不考慮的放棄。有垂直裂紋的鐲子是隨時會斷裂的，通常是不小心碰撞造成的，無法挽救。很多人不敢戴手鐲的原因是怕自己粗手粗腳，容易碰斷掉。其實戴了手鐲反而會改變脾氣，不敢隨地動怒，更不會伸出手來打小孩，走路時也會更注意。久而久之，脾氣改變了，變得更淑女、更有氣質了，看到這裡，聰明的老公應該立刻去挑選一只手鐲送老婆了吧。

▲ 利用筆燈照射，可以發現手鐲的裂紋

▲ 有時沒有燈光，手鐲部分裂紋不容易被發現

　　所以，挑選手鐲一定要當面挑選買定。有時候較熟悉的賣家會讓你拿回家試戴幾天考慮考慮，要注意帶回家後你就有保管手鐲的責任，不能粗心碰撞到，拿回去還的時候也要當場檢查清楚，以免事後發現手鐲有損，雙方鬧得不愉快。

▌聽聲音

　　翡翠質地的好壞，可以透過敲擊聽聽聲音是否清脆悅耳。店家通常會拿銅板或瑪瑙印章，輕輕敲擊用繩子垂吊起來的手鐲。聲音越清脆代表質地越好，裂紋越少。也有人以聲音的清脆度來判斷翡翠是否做了灌膠處理，如果是灌膠嚴重的 B 貨翡翠，聲音會比較低沉且悶（聲音的傳遞受到膠的阻隔影響）。但顆粒粗一點、質地差一點的翡翠聲音也不是很清脆響亮，但它是 A 貨。反倒是灌了一點點膠的 B 貨，聲音跟 A 貨有時候較不易分辨。消費者千萬不要只聽聲音就判斷這翡翠是否有經過處理。

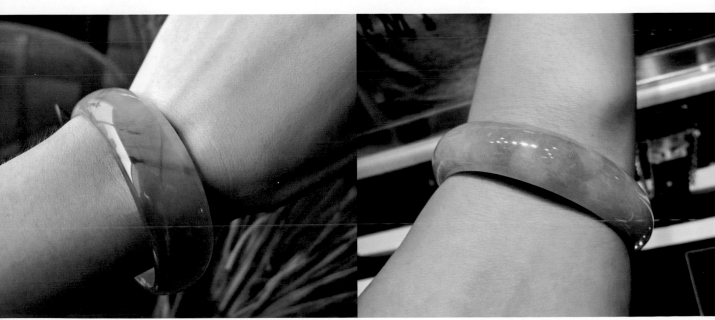

▲ 玻璃種飄綠絲扁鐲，種好質地佳（純翠堂）　　　　　▲ 糯種紫羅蘭扁鐲（仁璽齋）

要偏重顏色還是偏重質地

很多人會問：「同樣價錢的 2 只手鐲，要挑綠色多一點的還是挑質地透一點的？」或是問：「鑽石要選顏色白一點還是要挑淨度好一點的？」這些問題就像是問：「是要挑高帥挺拔沒錢的年輕帥哥，還是年紀大禿頭卻有錢的大老闆？」如果預算夠的話，當然要選擇顏色均勻且鮮豔，質地輕透且無棉絮的高檔老坑種翡翠。要知道現在不錯的翡翠手鐲，價格已經足以買下一棟豪宅，也就是超過 5,000 萬臺幣。這只是不錯而已，還不是真的好貨色，真的好貨色至少也要1 億～ 1.5 億。如果是真的高檔翡翠手鐲，就要花上 2.5 億到 5 億才能買到。光筆者人在大陸的 2012 年 7、8 月這段時間，就不時傳來同行有上億元的手鐲成交的消息。所以這問題得看口袋有多深，從以往的經驗來看，翡翠質地的增值幅度比顏色高，10 幾年前買翡翠都是重色不重種，無色玻璃種沒人要。現在才知道質地透的手鐲，就算只是一小段綠、一絲絲綠，都比滿色不透明、顆粒粗的豆種好。假設玻璃種無色手鐲與豆青種半圈綠手鐲，應選擇玻璃種無色手鐲。如果是白色不透明手鐲與不透明帶黑綠或白色表皮帶黃，就得選擇帶黑綠或帶黃皮的手鐲。選擇手鐲就是要選擇亮點，要挑翠綠色的，當然價錢就很高，寧可退而求其次，買一小段（1cm）鮮豔翠綠或是飄綠絲，也不

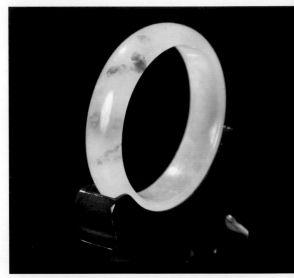

▲ 冰糯種飄藍花扁鐲，參考行情價 25 萬～ 50 萬

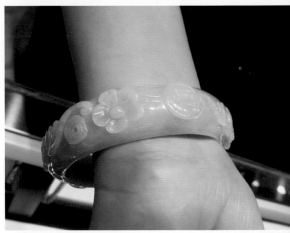

▲ 淺紫羅蘭雕花手鐲，市價約 10 萬～ 15 萬（仁璽齋）

要一大段（3～5cm）淺綠色。因為戴手鐲的時候，我們都會把亮點擺在手的上方給人看，而會把有瑕疵或黑點的部分放在手的下方遮住。

選擇手鐲與年紀的關係

30 歲以下的年輕女孩

　　購買手鐲與年紀有很大的關係，很多東西都有入門款，就像房子或車子，一開始都是買中古屋或二手車，等賺了錢再換新房、新車。剛剛畢業出社會的小資女，經濟狀況比較

▲ 花青糯種手鐲，參考行情價 80 萬～150 萬（純翠堂）

▲ 黃加綠圓鐲，參考行情價 150 萬～250 萬（純翠堂）

▲ 三彩手鐲（純翠堂）

▲ 高冰飄花扁鐲，參考行情價 500 萬～800 萬（翠靈軒）

▲ 玻璃種帶綠色根手鐲，開價在 800 萬～1,000 萬（翠靈軒）

▲ 花青糯種扁鐲，參考行情價 200 萬～350 萬（仁璽齋）

▲ 高冰白翡手鐲,參考行情價 30 萬～
50 萬,平安扣約 10 萬～ 15 萬(純翠堂)

不穩定，出門在外打拚，光交房租吃飯就差不多用光薪水了，還要買衣服、化妝品或上餐館吃美食，這時候能有個手鐲戴就不錯了。幾千元的預算想買到冰種或玻璃種當然不可能，因此建議可以買不透明帶黃翡或淺紫色的手鐲，若是有白底青也是不錯的選擇。如果有點積蓄，可以挑冰種飄綠花或藍花，都很適合年輕的漂亮妹妹。

30 ～ 40 歲的白領 OL

已經累積了一點積蓄，可能成家立業，但買奢侈品總有一些顧慮：小孩子可能已經就學，平常就得有一筆教育經費開銷，不然就是房屋貸款尚未繳清。當然有些創業成功的女性，自己當了老闆，或當上了公司裡的主管，這些朋友就可以選擇豆種全紫或冰種半紫的手鐲，也可以挑選冰種飄藍花或是花青種一節翠綠。

40 歲以上家庭主婦或事業有成者

很多女人是全心全意奉獻給家庭，沒有額外收入，只有每天買菜時省下一點私房錢。想買一只手鐲犒賞自己，又不想給老公知道，可以挑一些不透帶點藍色或灰色調的手鐲，只要 3,000 ～ 5,000 元就可以滿足小小心願。如果事業有成或處在富貴之家，想挑一只足以傳世的手鐲，可以挑冰種春帶彩或是玻璃種半綠，或者是老坑三彩福祿壽手鐲。如果能找到冰種滿綠手鐲，更加貴氣，值得珍藏。

▲ 玻璃種白翡流蘇鎖墜，復古、典雅、華麗，在搖曳多姿間彰顯女性的萬般風情（三和金馬）

 ## 如何挑選耳環、胸針

選購耳環的人遠比手鐲與吊墜少，通常都是成套佩戴。有些女生認為穿耳洞在下輩子當不了男生；有人是耳垂太小，不適合戴耳環；

▲ 碩大且飽滿的老坑玻璃蛋面，搭配璀璨的鑽石，有富貴吉祥美滿的含意，適合實力雄厚的中年成功女性佩戴（吉品珠寶）

▲ 耳環的款式、顏色、質地要與臉型、髮型以及耳朵的形狀非常完美的融合在一起，隨著舉手投足、頭髮飄動，耳環在若隱若現間呈現剎那驚豔，頗為性感（純翠堂）

▲ 豪華型耳環，亮麗花朵造型，風姿綽約，品味出眾，能夠增加女性的迷人風采（三和金馬）

也有人是一接觸不純的 K 金就會過敏，嚴重者紅腫發炎潰爛，因此不敢再戴耳環；還有些人不戴耳環的原因是因為扣頭不緊，很容易掉，往往變成只有一邊耳釘，就無法再佩戴，因為扣頭每天拆戴，久了之後孔隙就會變大鬆動，太緊了耳朵又會痛，最後乾脆就不買了，免得掉了心疼。近幾年受到歐美與日本文化的影響，男生開始也穿耳洞戴耳環，主要都是銀飾，通常只戴一耳。耳環最簡單就是耳釘，簡單一顆主石，可以包鑲或爪鑲，想豐富一點就在外圍鑲一圈小鑽石。低調且簡約，不論平常上班或者參加宴會都不失端莊。

▲ 白翡流蘇簡約耳墜，適合年輕女孩，流蘇造型靈動、甜美，容易吸引男士目光（雅特蘭珠寶）

▎耳環與臉形的搭配

　　耳環的形狀與大小可以平衡和修飾臉型。瓜子臉（一個巴掌大）是最上鏡頭的臉，適合任何款式的耳環（包括垂吊式作工誇張的耳環），只需要注意髮型（大波浪鬈髮、直髮、離子燙都可）

▲ 簡單耳鉤式垂形翡翠鑽石吊墜，中規中矩，適合職業女性出席宴會佩戴（雅特蘭珠寶）

和服裝的搭配就行；長方形或國字臉的人適合戴水滴形、心形、橢圓形和花式耳環，以耳釘為最佳，忌戴稜角分明或懷古形的耳環；圓形臉的人適合戴修長直線條形的耳墜，例如管狀、辣椒形、水滴形；忌戴圓形、四方形、三角形貼耳的耳釘。

1. 垂吊式耳環

可以多種寶石與翡翠組合，通常以鑽石、紅藍寶、祖母綠、翡翠、珊瑚等高價珠寶來搭配。有些作風復古，展現波西米亞風情，設計大膽，顏色亮眼突出。有些做鏤空幾何圖形設計，重點是多串的流蘇，搭配細長且閃亮的鑽飾，是迷惑男性眼光的最佳設計，更是有品味與作風大膽的女性必備。

2. 飽滿型耳環

飽滿的蛋面翡翠，可依照自己耳垂與臉形搭配大小翡翠，可以是富貴逼人老坑玻璃種（娶媳婦嫁女兒的重要行頭），也可以是優雅高貴的紫羅蘭蛋面（獨立與自信的女主管），更可以冰清玉潔的玻璃種無色翡翠（優雅與嫵媚兼具的千金大小姐）。

3. 輕巧簡約型

越來越多小資女從接觸銀飾，轉到花花綠綠的翡翠世界裡，她們著重設計，也在乎價位，是新一代的女性。造型簡約的耳飾，搭配紅綠色或白綠色較小的主石，溫柔婉約，展現自己的獨特魅力與充分自信。

▋ 翡翠胸針

會選購胸針的女士，通常接觸西方文化較早且非常有品味與氣質，因為胸針在歐美是非常普遍、受歡迎的珠寶飾品。看一個女生戴的胸針，就可以知道她內心的想法。翡翠胸針通常都是蛋面或不規則的翡翠，搭配鑲嵌鑽石或其他紅藍寶石，著重在顏色分布與整體

外型設計。常見的胸針大多是昆蟲造型，其中以蝴蝶造型為最多，其他造型有：蜻蜓、青蛙、蛇、鳳凰、蜜蜂、豹、山茶花、梅花、竹子、孔雀、金魚、菊花、變色龍、百合花、花瓶、天鵝、鬱金香、康乃馨、幸運草、鶴、烏龜、兔子、雞、狗等。胸針展現的是設計與鑲嵌功力，動物要做得唯妙唯肖，眼神逼真。花朵需要配色出眾，立體感層次分明。臺灣知名設計師鞏遵慈女士專門設計胸針，而且是私人訂製，每年展覽的作品都吸引貴婦們的青睞與收藏。

鳥類、花卉與昆蟲造型的胸針，展現出設計者對大自然的細緻觀察和敏銳把握。無論是線條、色彩的搭配，還是整體抽象或具體的造型，都給人耳目一新的愉悅感。美麗動人的翡翠胸針，對一個人的品味、情趣有強化、加深的作用，就好比「字如其人」，觀察胸針就可以判斷這個人的品味、個性等等（雅特蘭珠寶）

▲ 瓜瓞綿綿，多子多孫，賀新婚
或祝壽都可以，整體造型與工藝均
佳，也可用來收藏（勐拱翡翠）

▲ 翠綠翡翠山子，山巒層疊，雲
霧繚繞，在叢林之外，觀山水之遠，
悟人生之味，適合收藏或贈送長輩
（勐拱翡翠）

 如何挑選擺件

選購翡翠擺件，展現了選購者的品味、風格與鑑賞翡翠的水準。通常選購者不是自用就是送禮。自用者家裡基本上必須地方寬敞，有個大客廳或書房；要不然就是開公司行號，擺設出來可以展示企業主的藝術修養與文化氣息。選擇觀音、彌勒佛等擺件，展現主人禮佛的虔誠，祈求保佑全家平安健康，事業順利；文人雅士喜歡山子，比方登山訪友、採藥圖、良師益友、喜上眉梢、歲寒三友等。送給老人家或祝壽時較適合福祿壽三翁、猴子獻壽桃、翠玉白菜、花開富貴，如意、松鶴延年等意象；送給當官者適合魚躍龍門、馬上封侯、馬到成功、玉璽印章、節節高陞、官上加官、三陽開泰、一品清廉；送給開店做生意者可以考慮貔貅、金蟾、雄霸天下、富甲一方、馬到成功、一帆風順；企業家收藏或贈送長官的，就必須找玉雕大師級作品，舉凡清新脫俗的主題，哪怕是花草、昆蟲、鳥獸，有了細膩的雕工與巧妙的布局，便將翡翠的顏色與玉質發揮得淋漓盡致，但想要收藏還是得靠緣分，雙方心靈契合了，一切就盡在不言中。

挑主題

擺件顧名思義就是體積比手掌大，有個底座，可以擺立起來觀賞。體積有大有小，大得可以跟人一樣高，但一般大多是 10 ～ 50cm 長，5 ～ 15cm 寬，10 ～ 50cm 高。翡翠不

見得越大越貴，要看翡翠的材質而定。擺件的流通性是翡翠製品中稍低的，買的人通常會考慮家裡有無空間擺放。有些人買的時候興沖沖，沒多久就擺在角落積灰塵，因此購買擺件得考慮清楚。有些公司行號、企業或餐廳、茶藝館、旅館、酒店也會擺幾件翡翠擺件，以顯示老闆的文化品味、藝術水準、企業精神等。

　　挑選翡翠擺件，大多數人心裡都有個底，想找哪方面的圖案或形象。就算是送禮也會針對收禮者的年紀、職業、興趣去分析。如果第一次買，老闆也會問是自用還是要送禮，告訴你有哪些題材比較適合贈送。

▌挑玉質

　　照常理來說，做雕件的玉料通常是比較多裂隙，無法做手鐲與蛋面的。質地通常都是雜質多、不透明等磚頭料居多。好一點的就會帶點玉皮黃翡，偶而有點淡綠或灰綠顏色，或者淺粉紫色顆粒粗的材質。常見的有白底青、花青、紫羅蘭、黃加綠、黃翡、紅翡、烏雞種、豆青種等。如果是精挑質地好帶翠（玻璃種、冰種）的來做雕工擺件則另當別論。

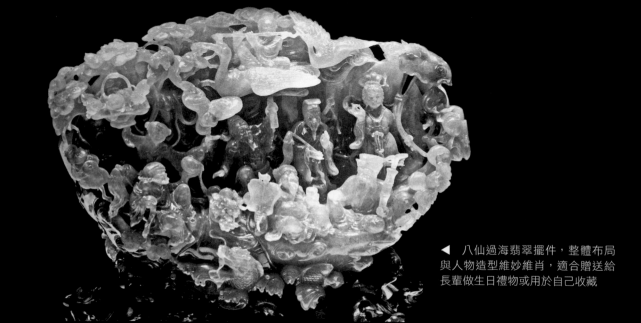

◀　八仙過海翡翠擺件，整體布局與人物造型維妙維肖，適合贈送給長輩做生日禮物或用於自己收藏

▲ 「雙福迎春」這件作品生動有朝氣，俏色運用自如，刀工流暢，無可挑剔，是值得收藏或投資的佳作（葉金龍）

▲ 「仁者樂山，智者樂水」，將自然山水融入生活中，給人清新愉悅的感受（楊樹明）

挑工藝

傳統市場裡的擺件通常作工都比較不佳，無論是圓雕、浮雕、透雕都是輕描淡寫，馬虎帶過，沒有層次感，過於凌亂，當然價錢也較低。一個小攤位可以擺個 10 幾 20 件，主要以佛像、貔貅與山子居多，適合預算在幾千到十幾萬的人。這些擺件比較不講究整體形狀，作工比較普通，人物與花鳥、昆蟲、動物的細部特徵表現不自然，立體感較差。觀音的身材比例對不對，能否表現出慈祥與莊嚴；彌勒佛的臉部、眼、耳、鼻、肚子比例對不對；馬尾巴的每一條小線條細不細，有無斷裂；鳥羽毛左右的對稱與每片羽毛大小與排列是否一致，都可以看出雕刻師傅是不是用心。現在的雕工作業分工非常精細，擅長人物的就雕神佛人物，擅長螃蟹、龍鳳的就雕這些動物，擅長雕山子的就專雕山子、景觀等。

挑意境

也就是構圖。同一個題材，由不同的人去製作，風格也會有差異。玉雕師傅大多都有美術底子，對山水、人物與動植物都下過基本工夫，就算沒有底子的也會臨摹。由於翡翠大小不一、顏色分布無常，臨時狀況很多，計畫常常跟不上變化。打底打得好是成功的一半，有些作品一呈現眼前，就是讓所有人都眼睛為之一亮，心曠神怡。雕得太繁瑣複雜，有時候顯得太凌亂，布局太簡單，又會覺得有點空洞可惜。這必須多接觸與比較擺件，才能練就出來鑑賞力。

▶ 年年有餘（魚），這是利用巧色來雕刻的作品，栩栩如生，可見雕刻師之功力深厚，適合擺放家中收藏或贈送長輩親友（仁璽齋）

挑俏色

翡翠的顏色複雜而多變，讓翡翠的雕刻增添許多困難，雕刻者需要掌握更多技巧。運用顏色得當，就會讓人望而興嘆，並豎起大拇指；反之若顏色出現在不該出現的地方，就會讓整體的分數大大降低。若能將大多數人認為是汙點與雜質的棉絮，巧妙運用在構圖中，或是把不起眼甚至要丟棄的玉料，變成炙手可熱的作品，都可說是化腐朽為神奇。這並非人人可以做到，也不是觀察玉石一天兩天就可以出現的靈感。挑選擺件的時候更要細心觀察、體會。

挑作者

目前市面上所有的雕刻品有 95% 以上都是沒署名的作品，消費者並不清楚作品是出自誰的手筆。從古至今的玉雕品，也少有人去追問是誰的作品，直到明代子岡牌的出現，大家才發現創作者的重要。現在的翡翠雕刻界出現了許多大師級的人物，他們的作品不落俗套，引領風潮，有自己的獨特風格，每個階段都有不同的創作，不再是大量生產的廉價物品，也不再為賺錢而雕刻，他們執著的是將來能給子孫什麼樣的作品，如何再提升自己的雕刻水平，甚至還有把玉雕結合成裝置藝術，融入各種素材的大型翡翠創作。這樣的擺件不再是看材料多少錢、雕工多少錢，而是人與人心靈的契合，講究的是緣分，每一件藝術雕刻品都有自己的故事，若換了一個人來詮釋就少了靈魂。

翡翠價錢參考

翡翠價錢一直是商業的最高機密，沒有人會說出真正的價位。不同行家、前輩在不同的市場上評估時也會開出不同的價位。原石與成品價位幾乎每一個月都在波動，影響翡翠價錢主要的因素有原料、關稅、人工成本、開店成本、利潤。有的貨已經買 5 年到 10 年以上，現在隨便賣都是穩賺；而現在才進貨的成本，肯定是最高的。總之，市場以消費者最大，誰有實力拿錢來買，這個翡翠就是有這個價值的行情。

以筆者 2012 年 10 月在北京、廣州、平洲、四會、揭陽、臺北訪問詢價（開價）為據，拿手鐲來說，老坑玻璃種滿綠手鐲，北京開出 2.5 億～ 3 億臺幣，甚至更高。顏色陽綠也要 1.5 億～ 2 億。蘋果色滿綠手鐲在 5,000 萬～ 1 億之間。基本上滿綠要看得順眼的，沒有 5,000 萬大概沒有機會入手。玻璃種無任何白棉手鐲市場價在 750 萬～ 1,000 萬之間。玻璃種無色有一小部分白綿手鐲約在 400 萬～ 500 萬之間。高冰無色手鐲價錢在 150 萬～ 200 萬之間。高冰帶一小節綠手鐲要 500 萬以上。高冰帶一節藍水要 1,000 萬以上。玻璃種帶一節翠綠要 2,500 萬～ 3,000 萬。白底青帶一節翠綠要 25 萬～ 40 萬左右。豆種淺粉紫滿色，顆粒細，開價 15 萬～ 20 萬左右。豆種淺粉紫春帶彩，顆粒粗，價錢 5 萬～ 8 萬左右。冰糯種飄蘭花約 25 萬～ 50 萬，玻璃種飄蘭花開 400 萬～ 500 萬。油青種手鐲開價 10 萬～ 15 萬左右。低檔手鐲大多在 1,500 ～ 1.5 萬之間，大多數人拿來自用或送禮。

滿翠老坑的蛋面 1.5 ～ 2cm，不同厚度，內部是否有白紋，顏色是否均勻與偏藍，都影響價格，通常在 150 萬～ 500 萬，如果是豆種滿綠價位就在 15 萬～ 20 萬。特大的蛋面價位就很難說了，2,500 萬～ 6,000 萬都有。

無色玻璃種蛋面 1 ～ 1.5cm，不同厚度，25 萬～ 60 萬，無色冰種蛋面 5 萬～ 15 萬左右。

無色玻璃種觀音或佛公 3 ～ 4cm，不同厚度，15 萬～ 150 萬。無色冰種觀音或佛公 5 萬～ 25 萬。

滿綠不同顏色深淺與厚度，觀音或佛公 3 ～ 4cm，豆種 10 萬～ 25 萬，冰種 100 萬～ 1,000 萬，玻璃種 250 萬～ 5,000 萬。

▲ 冰種滿紫羅蘭手鐲，市場價格扶搖直上，值得投資（王俊懿）

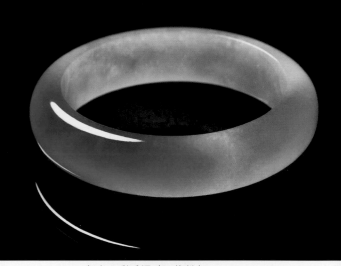

▲ 高冰三彩手鐲（王俊懿）

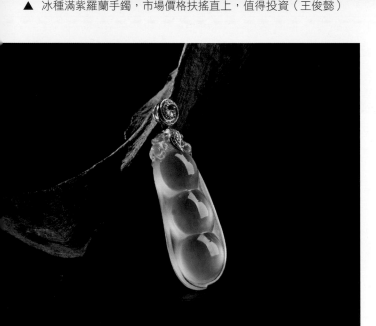

▲ 玻璃種白翡豆莢，乾淨無瑕（翠祥緣）

　　葉子 3 ～ 4cm，不同寬度與厚度，無色冰種約 5 萬～ 50 萬。無色玻璃種 50 萬～ 150 萬。滿色不同顏色深淺與厚度，50 萬～ 1,500 萬，這範圍相當大，就看質地屬於哪一種。

　　豆子 3 ～ 4cm，不同寬度與厚度，無色冰種約 5 萬～ 50 萬。無色玻璃種 15 萬～ 150 萬。滿色不同顏色深淺與厚度，25 萬～ 1,500 萬，這範圍相當大，就看質地屬於哪一種。

墨翠觀音或佛公 5 ～ 5.5cm 左右，打光不同顏色、不同厚度與雜質，開價 10 萬～ 500 萬。

由以上詢問的價錢得知，翡翠開價相差甚大，有人開價只願意打 9 折，有人則可以殺到一半或三分之一。有人急於求現，也可以賣到低於 1 折的價錢。因此才有所謂「金有價，玉無價」之說法。但是有成交就有價錢，相信每一位行家心裡都有一把尺，只要買過就有經驗，行情是隨著時間變化的，只要半年不接觸，可能隨時都會偏離行情。當老闆開價的時候，有時候也會問消費者曾看到多少價位，如果有經驗，便可以按照自己的意願去談價。這樣來來去去殺價還價，就形成翡翠交易的心理戰術。

▎翡翠投資指南

之前幾年無色冰種與玻璃種翡翠的漲幅太高，因此當景氣不好的時候，最容易受到波及，這時候只能逢低進場，切勿再追高。根據最近一年的觀察，頂級老坑種翡翠市場詢問度還是相當高，不管是蛋面、吊墜還是手鐲都沒有降價跡象，主要是貨主惜售。高檔的貨源越來越少，相信將來只會越來越貴。這幾年主要的拍賣市場以手鐲、蛋面、觀音、佛公、珠鍊這幾項最受關注，把玩件與擺件比較少出現；而且大家漸漸關注紫羅蘭的翡翠，滿色玻璃種紫羅蘭曾經有 1 億以上交易行情，打破以往「十紫九木」的刻板觀念。此外春帶彩的手鐲也受到消費者大大歡迎。另外一個重點，翡翠在雕刻大師的加持下，越來越多人樂意收藏，這樣的藝術作品增值性極高，相信在未來的拍賣市場，會有專門玉雕大師的系列作品出現。在投資之前，可以多跟幾位朋友討論，通常行家買貨也會徵求朋友的意見，4、5 個人只要有一半的人反對，就應該放棄，切勿躁進。再次提醒，千萬不要借錢來投資翡翠（應該是拿自己賺來的錢），以免利息太高周轉不靈，造成無力負擔的悲劇。

▲ 蝶戀花（葉金龍）

2

翡翠各地交易市場

 昆明

　　雲南位處中國西南方，與緬甸接壤，是一個產寶石的省分，自古以來翡翠貿易就很興盛，昆明、瑞麗、騰衝、盈江、畹町、隴川等地都是主要翡翠原石交易與成品買賣的點。昆明是雲南的省會，交通非常便利，以公路、飛機為主。昆明的翡翠市場主要在景星街上的景星花鳥市場、白龍路上的園博花鳥市場、金星奇石寵物城、傲城珠寶匯、錦華珠寶城等。其中比較老字號的就是位於「景星花鳥市場」二樓的翡翠店，裡面的貨色屬於中高檔，商家大約有 100 家左右，價位從幾萬到幾百萬都有，喜歡挑色挑種的朋友，在這裡一定可以找到你喜歡的翡翠，記得多看幾家再下手，把預算告訴老闆，讓他幫你介紹可以買到哪些翡翠。至於該如何殺價，說實在每家狀況都不一樣，但近年買氣不好，消費者應可以談到好價錢。

　　「傲城珠寶匯」是開幕不久的珠寶城，主要以黃金、翡翠為主。想找水沫子的朋友，不論是蛋面、花件或黃、白、灰、黑的手鐲，這裡都有，小蛋面從幾百到幾千元，手鐲從 1 萬到 3 萬元。這裡臥虎藏龍，如果你慧眼識英雄，可以在一樓「朝陽翠語」找到王朝陽大師的作品，在中國大陸要是沒聽過王朝陽大師就遜斃了，2012 年昆明石博會，王老師也展出水沫子觀音作品，相信很多人已經領受過大師的熏陶。除此之外，在二樓「恆富珠寶」

▲ 昆明傲城珠寶匯大樓，以販售黃金、翡翠與玉石為主　　　　　　▲ 水沫子蛋面，一顆 4,000 ～ 6,000 元

可以親自挑翡翠賭石，也可以挑幾百元的小玉料自己享受雕工樂趣，或者是拿自己的翡翠原石找他們代工切磨雕刻，是非常不錯的 DIY 地點。一樓的「夷光珠寶」專賣各種彩寶，著重珠寶設計，服務親切，價錢實在，想走在時尚尖端的朋友，可以去領會一下彩寶的魅力。「錦華珠寶城」是批發翡翠的老市場，假日人潮擁擠，走的是中檔批發價位，只要你有誠意，相信可以挑到整手滿意的貨色。「金星奇石寵物城」建築古色古香，裡面有許多賭石店，想試試手氣的朋友可以到此研究研究。另外這裡也批發緬甸琥珀原石，喜歡琥珀的朋友不要錯過。

如果你想挑高檔種、色的翡翠，一定得逛逛位在翠湖旁邊的「翡翠一條街」（青雲街）。這邊環境優雅，舒適恬靜，來到這裡彷彿身處高檔會所內，備受禮遇與尊榮。幾家有名的翡翠店：徐蒂王珠寶、翠之稼、翠靈軒、翠祥緣等，裡面的擺設與裝潢，都經過精心設計，親切的服務態度，讓人有賓至如歸的感覺。每一家都各具特色，想找高翠水頭好的翡翠，這裡都有，從幾百萬到上億的滿翠手鐲都不難看見。

值得一提的是到石林旅遊的旅行團必經景點「七彩雲南」，可以買到翡翠以及黃龍玉、水沫子、碧璽等珠寶。這裡的翡翠有門口處幾百元的小墜子到幾千塊的手鐲，往裡面走還有幾萬元到上千萬的手鐲。打出「玉出雲南響叮噹」的口號，遊客一車一車進來絡繹不絕，

▲ 昆明賭石、毛料加工一條街

都是為了挑選送給親友當伴手禮的翡翠，以 2 ～ 3,000 元的手鐲與吊墜最受歡迎。手鐲要注意避開絡裂，黑色的雜質越少越好，豆種與油青種、花青種都可以考慮。在這邊不會買到有染色處理或是以玻璃冒充的翡翠，品質有保障，價位高低則要自己多比較。

　　另一旅遊景點就是「雲南民族村」，要注意路邊小攤位上大多販售以玻璃冒充或是經過染色處理的翡翠，不要貪小便宜。要知道滿綠的翡翠價位都是幾百萬到幾千萬，不可能是幾千元的價位。

 瑞麗

　　瑞麗市中心的翡翠交易市場主要以成品居多，在這裡可以安心挑選，記得要索取鑑定書與店家保證書。

　　要去瑞麗有 2 個途徑：一個是先坐飛機到芒市，再開 2 個小時的車程到瑞麗；另一個是從騰衝開車過去，要 6 個小時。總而言之，就是要 2 ～ 4 人結伴一起去，路上可以輪流

▲ 位於畹町的勐拱翡翠總部，昔日也是翡翠批發的重鎮

▲ 白底青的翡翠煙嘴，來自臺灣的
老人在瑞麗珠寶城開創事業第二春

開車互相照應。沿路風光明媚，只有自己開車，才能欣賞這秀麗的山水。途經的畹町是翡翠原石集散地，早期毛料都是在此地拍賣。在中國有多家連鎖的勐拱翡翠總部就在此，可以想見當年熱鬧場景與輝煌歲月。

翡翠重鎮——瑞麗珠寶街商圈有超過 1,000 家大大小小翡翠珠寶商店與小攤販，珠寶店裡展示的都是比較中高價位的珠寶，除此之外，這商圈裡還有賭石、剖開毛料與加工成品等店家。許多中國其他省分的翡翠商人——例如：河南、福建、廣州玉商，都來此地挑貨。買毛料的，大多都是玉商或雕刻師傅，自己買去加工；來觀光的遊客建議可以到商家裡或是小攤販裡挑選成品。在這裡價錢是隨意談，近年是買方市場，如果你想找大眾貨（佛公、觀音、葉子、福在眼前、福豆），可以多詢問幾家，一定可以找到你想要的貨。

有時間的話，你可以到姐告玉城看看，它是中國唯一境內關外自由貿易區，一大早就有許多緬甸人攜帶原石毛料來此銷售。為什麼會這麼熱鬧？主要是因為姐告玉城的經營方針：沒有旅遊回扣，且租金低廉，讓這裡的攤商旺到發燙。上千個攤位一位難求，以買賣翡翠原石居多，少部分是翡翠成品。還有一些水沫子、矽化木、琥珀、紅藍寶石等緬甸商品。不管你是不是來買貨，筆者都建議你來開開眼界，但記得買翡翠原石回瑞麗得報稅，否則被搜出來就會被沒收。有經驗的原石買家，通常都是買固定的翡翠原石，減少賠本風

▲ 這裡除了玉石外，還有來自緬甸的紅藍寶、星石，都是旅遊商品，供觀光遊客盡情挑選，
但是要想挑到好貨還得靠運氣

險。行家看原石，其實價錢都差不多，不同人看頂多相差在 3 成左右，因此想買原石還是
得慢慢經驗累積，別無他法。

　　另外，你還可以到南亞紅木家具城、德隆珠寶城、冠華珠寶集團樣樣好賭石城逛逛，
這些商城形成一個商圈，基本上看到的東西都大同小異。冠華珠寶集團樣樣好賭石城裡有
公盤展示與拍賣，也有翡翠加工雕刻過程參觀，是團體遊客到瑞麗旅遊參觀的景點之一。

　　又或者，你可以前往華豐交易市場，這裡有成品與半成品的翡翠或黃龍玉，許多河南
或是福建雕刻師傅就在此落地生根，一樓是加工雕刻與展售攤位兼廚房，夾層就是住家，
一家三口就這樣克難度日，想是出門在外討生活的必經之路。這樣的銷售都是自製自銷，
少了很多中間抽成，通常價錢比較好談，有時候月底要發工資或是缺飯錢，都可以談到相
當划算的價位。

▲ 黃加綠翡翠原石

▲ 玻璃種白翡原石

▲ 已經剖開的不同皮殼的原石，選購時要注意綹裂，認真觀察表面的色蟒和松花

 騰衝

　　騰衝古稱騰越，是一個有歷史文化的古城，這裡的每個人都可以娓娓道來騰越的翡翠歷史，「琥珀牌坊玉石橋」就是當年騰越繁華富庶的象徵。和順、綺羅等鄉因翡翠而致富，當年商賈雲集、店鋪林立、馬幫穿梭，英國領事館、騰越海關等機構，讓騰衝熱鬧非凡，充滿十里洋場的味道。從許多出土文物可得知，翡翠早在明朝就已經輸入中國。所謂的「玉出雲南」是有根據的，緬甸的密支那與勐拱等地早年都是雲南境內，所以說買翡翠到雲南是有幾分道理的。當時許多人因翡翠致富（寸尊福、張蘭亭、李昌德、李本仁、張寶廷、毛應德），也有人窮困潦倒，因翡翠而改變一生，其中口耳相傳最有名氣的有：馬廄突現驚天財富的「綺羅玉」；請君出甕，石破天驚的「王家玉」；一泡尿沖出稀世之寶的「官

▲ 騰衝珠寶城，遊客有點稀疏，不復當年熱鬧景象，同行前來批發翡翠的人居多

▲ 騰越翡翠城，展出明清時期翡翠飾品，另外還有賭石交易與翡翠商家，是旅遊購物的最佳景點之一

四玉」；小馬倌結緣大玉石的「馬家玉」；流傳盛世無價國寶的「振坤玉」；門前墊腳石價值連城的「段家玉」，至今仍然都是鄉里間流傳的美談。明代《徐霞客遊記》中就提到在騰衝旅遊看翡翠的歷史，最近這幾年以騰衝翡翠為題材的電視劇就有「大馬幫」、「翡暖翠寒」、「翡翠鳳凰」、「玉觀音」等，大大打響騰衝翡翠的名號。

騰衝的商家販售的大多是 A 貨翡翠，選購後記得要求翡翠鑑定書與商家保證書（發票）。值得推薦的是「騰衝翡翠博物館」，裡面有上百間商家，都各具特色，喜歡賭石的朋友也可以在這裡試試手氣，裡頭珍藏了數百件明清時期出土的老翡翠、銀飾、琥珀與瓷碗等古董，相當珍貴，除了展示外也有出售，喜歡古董翡翠的朋友可以去參觀選購。玉盛和珠寶一樓有翡翠商品展示，二樓有翡翠加工製作流程與翡翠原石場口介紹，可以更深一層的了解翡翠。雙英珠寶、萬福珠寶裡面翡翠應有盡有，可以挑選來當伴手禮。

另外每月逢 5 號趕街市集，許多人把家裡的老古董都搬出來賣，聽當地人說，中共立國前很多人將翡翠埋在自家院子裡，現今很多人買舊房子就是為了挖出地下的寶藏，因為翡翠比房子值錢多了。

如果還有時間，可以去逛逛楊樹明大師的工作室，他作風親民但個性木訥，一心執著在玉雕上面，培育了許多年輕的玉雕人，傳承了騰衝翡翠玉雕的香火。

交通方面，由於騰衝機場在山頂上，常會因天候不佳而起霧停飛，行程安排上需要多加注意。

廣州

　　廣州翡翠買賣始自清同治年間，有 100 多年的歷史，在文革期間曾經中斷幾十年，上世紀 90 年代擴大規模，主要位置是在北邊長壽東西路與上下九步行街商圈路之間、華林寺前、西來正街、華林新街、茂林直街、新盛街、興華大街，方圓 500 公尺內，有好幾千家的攤商在這裡經營翡翠、白玉、水晶、珍珠、彩寶等生意。其中又以名匯國際珠寶玉器廣場、華林玉器廣場、荔灣玉器廣場、藍港國際珠寶交易中心等較為知名。華林玉器廣場旁有專車前往四會與平洲，買賣翡翠進貨相當方便。

　　早上 7 點左右就有路邊小販在華林寺前擺攤到 9 點半，這邊可以大大砍價，可批發也可零售，議價空間較大，但有些攤商販賣染色翡翠，在此購買翡翠最好要有鑑定書與商家保證書，避免發生糾紛。這批小販都在華林玉器城外（西來西街上）擺攤，由於時間還早，就來這裡擺地攤。華林玉器城一樓主要是賣翡翠與淡水珍珠，二樓則批發碧璽、水晶、瑪瑙、玉髓、琥珀、青金石、葡萄石等。名匯珠寶城一樓為翡翠彩寶批發零售，各地業者都會來買貨。臺灣有許多業者集中在此，知名度最高的大曜珠寶也在此設櫃。後半段有玉雕擺件成品與半成品，也有拋光服務。普通的雕件一件 10 萬～ 15 萬，高檔的上百萬都有。地下室有幾十攤切開原石買賣，許多附近的玉雕師傅都來此買貨回去雕刻。現在的毛料太貴了，動不動就是幾十萬一顆。只要是冰種帶綠，價錢就高到嚇死人。

▲ 廣州名匯珠寶城

◀ 名匯珠寶城攤商的翡翠花件吊墜，每件批發價在 5,000 ～ 1 萬元左右

 平洲

從廣州到平洲有交通車可達，也可以搭地鐵到西塱站，再轉乘「第一巴士商務專線 4」到平洲。平洲玉器市場分老區與新區：老區都是門前小店鋪，一間店面一到三個老闆，最早期只專做平安扣、鐲心加工，改革開放後開始做手鐲與玉雕；新區的規劃攤位較多，空間寬敞，全天冷氣開放，比較舒適，但近年翡翠市場蕭條許多，與 3、5 年前比相差甚遠。

21 世紀初平洲玉器市場開始擴大規模，由原本幾千個增加到 1 萬多個會員。目前平洲玉器協會有 3 萬多個會員，是全中國規模最大的玉器協會（入會年費為 400 人民幣）。平洲目前也是全中國最大的手鐲批發市場，整個市場約有 7 成是做手鐲批發的，一手一手的翡翠手鐲等待著全中國批發商的青睞。紫的、綠色、黃的、黑的樣樣都有，從 2 ～ 3,000 臺幣一只到上百萬臺幣一只都有，看得你眼花繚亂。

平洲人大多是到緬甸公盤買原石，或是到騰衝、盈江、瑞麗去找料，再回來切磨成手鐲，由於工廠多且加工快、手工好，很多雲南賣場商家也在此地批貨回去賣。在這裡買貨，只要是整批購買就好談價，有人說砍到三分之一，有人說先砍一半，這都要看自己的經驗。由於加入平洲玉器協會的規定嚴格，在這裡買到 B 貨可以申訴，但要記住是跟誰買的，購買時記得索取收據或名

▲ 平洲玉器大樓，以手鐲買賣為主，主要是中低檔價位手鐲的批發與零售

▲ 糯種花青手鐲，交易時必須買一手，每只 40 萬元　　　　　　　　▲ 筆者與梁容區（左）合影

片。在這裡做鑑定證書很方便，可以要求所有購買的翡翠都附上證書。

　　2012 年筆者造訪平洲時剛好遇到平洲翡翠公盤開標，好多會員都進場去標原石。雖然買氣不佳，但是大家還是拚命買原石屯貨，緬甸戰亂連連，更增加玉商的擔憂，部分在緬甸公盤標到的翡翠正躺在海關的倉庫裡面，層層的關稅，加上翡翠商人的搶標，你說翡翠能不漲嗎？

　　筆者這次平洲之旅，要感謝玉雕大師梁容區的招待與解說，一個廣東陽江出生的農家子弟，當年只為了混口飯吃，在 1993 年進入了玉雕的行業，由於天生愛繪畫，很快就在玉雕領域出類拔萃，獲獎連連，證明了先苦後甘的道理。如今他率領徒弟開設「麥翠珠寶」，有空不妨前往欣賞他與徒弟的作品，品茗賞翡翠，提升自己的鑑賞能力。

 四會

　　從平洲開車到四會需要 50 分鐘左右，在廣州華林玉市有接駁車，廣州白雲機場也有接駁車到四會大中酒店，車程約 90 分鐘。四會玉市主要以花件與擺件的半成品為主，「天光墟」非常有名，就在四會大道上，早上約 4 點就開始營業，天亮又有另一批人來替換。

到這裡買貨必須要有體力與眼力，前一天必須早睡。由於人擠人，扒手也特別多。提醒想學習翡翠知識的好朋友，在擁擠的人群中，除了小心皮包外，也要注意後面的背包，小心轉身時翻倒翡翠雕件，惹得糾紛上身。看貨時要帶強光手電筒，路邊有賣，除此之外還要帶一包面紙，可以擦掉部分的油，也可以墊在翡翠底下看有無裂紋。

至於為何要賣半成品（未拋光）？主要是因為有部分雜質與透明度還要賭，所以就把風險留給下一個買主。除此之外，顏色在燈光下與太陽光下感覺是不一樣的，這裡的拋光工廠代工特別多，代工費用從小花件幾百元到大擺件幾千元都有，論件計酬。

天光墟對面的「四會翡翠擺件第一城」有成品與半成品擺件，大多是各地玉商來挑貨，有些人會交給工廠拋光，也有些人自己拋光。這裡有玉石原石市場，專批貨給玉雕師傅，主要以河南人雕山子、福建人雕觀音與佛公為主。四會近年來都在打擊 B 貨翡翠，但仍然有一些商人魚目混珠，而半成品更難以分辨。這一行做的是誠信，只想做 1、2 天生意的人，通常是混不下去的。

揭陽陽美

玉都陽美真是一個傳奇，原本只是 1,000 多戶人口的小村，現在卻是人盡皆知高檔翡

▼ 四會天光墟，以賣翡翠花件、擺件半成品為主，由於未拋光，不少攤商會在土器表面泡油，因此要注意小裂隙

▲ 到四會天光墟挑選翡翠吊墜一定要帶筆燈，主要是看裂紋

▲ 十八羅漢翡翠雕件。四會是全中國最大的擺件批發市場，幾乎全中國所有的翡翠擺件都出自此地

▲ 四會天光墟裡，有個河南師傅在雕刻翡翠山子，半成品預估價 150 萬～ 250 萬

翠的批發集散地。村子裡以夏姓人口最多，其次是林與陳。改革開放後村子裡的翡翠加工就開始興盛起來，幾乎家家戶戶都從事翡翠相關的行業，從集資賭石到包機參團，再到緬甸公盤標翡翠，充分展現出陽美村人的智慧、團結與霸氣。

陽美人從小在家耳濡目染看父叔輩賭石，慢慢的也有了心得，十幾歲就當老闆開店也不是什麼大事。陽美的翡翠市場有些散布在老住家裡，大部分則集中在陽美國際大酒店方圓 500 公尺內。從廣州到揭陽光是開車一趟就要 6、7 個小時，如果不熟路況，可能會更久。建議可以搭車或搭飛機前往揭陽潮汕機場。

這裡的商家主要是香港、溫州、福建、河南、雲南、臺灣與當地居民，想看最高檔的翡翠這裡都有。在「中國玉都展銷中心」內，集中了種、水、色都佳的商家，看了眼球都會跑出來。展銷中心四周有數百家的店家，價位從幾十萬到上億元都有。來過的很多人都說，實在不敢隨便問價錢，因為問了也不知道如何還價。

筆者曾巧遇平洲開公盤，賣貨的人

▲ 中國玉都展銷中心，是揭陽主要的高檔翡翠銷售中心，全中國最高檔的翡翠都集中在此，吸引各地買家前來批貨

▲ 高冰帶藍水扁鐲，標準口徑，開價 1,000 萬

▲ 在揭陽有很多家庭玉器加工工廠，小的 5～6 個人，大的 20 人左右，員工清一色是男性

◀ 陽美國際大酒店，幾乎前來買玉的人都會在此住宿

比買貨的人多，很多店家乾脆關門休息。村子小巷內有許多的小型加工廠，有的 3 到 5 人，有的 10 幾 20 人。這裡的分工非常細，有切石頭與作手鐲粗胚的，有手鐲拋光的，有的是花件雕工，有的是花件粗拋，有的是細拋。基本上揭陽翡翠的品質與手工精緻，這裡的工資都不便宜。通常做翡翠都是全家出動，1 家 4、5 個人可以開 3、4 家店。年輕人往往早早就結婚，多 1 個媳婦便多 1 個幫手。

 ## 臺北建國玉市

臺北建國玉市位於建國南路高架橋下，在忠孝東路與仁愛路之間，交通便利，可搭捷運到忠孝新生站下車，走路過去約 10 分鐘。建國玉市已經有近 30 年的歷史，是市民假日休閒娛樂的好去處，開放時間為星期六下午 2 點到 6 點，星期日上午 10 點到下午 6 點。主要販賣的有翡翠、白玉、古玉、印章石、水晶、彩寶、銀飾、珊瑚、臺灣特有寶石、各類風景石等。

翡翠從低檔到高檔都有，從幾十塊臺幣的染色翡翠，到幾百萬臺幣的 A 貨老坑翡翠都有。這裡主要供遊客或業者之間買賣，所以懂不懂得看貨很重要。由於近年來中國珠寶玉石價位高漲，因此有很多中國商人也開始來臺北找貨，包含翡翠、珊瑚、白玉、雞血石、彩寶等。由於兩岸對翡翠的價值看法不一，早年買過翡翠的人都無法想像如今的翡翠如

▲ 這個攤位賣的全是仿古玉，價格在 400 ～ 500 元臺幣，全是從中國批發過來的，造假的技術太低，是比較低檔的仿古件

▲ 各種翡翠墜子與珠鍊，屬 A 貨，價格從 1 萬～ 15 萬元臺幣不等

此高價，因此有些收藏家開始把早年的收藏品釋出，獲取幾倍到幾十倍的利潤。

臺灣早年流行過琥珀、水晶、瑪瑙、翡翠、白玉、珊瑚、天珠等珠寶，如今都在中國大陸發酵走紅，因此很多攤商也紛紛到中國大陸廣州、揭陽開店，尋找事業第二春。由於近年景氣差，這裡的議價空間高，但切記要向店家索取名片與鑑定書，以保障自己權益。

 ## 香港廣東道、甘肅街玉市

香港甘肅街玉市就在廣東道旁，是一個歷史悠久的玉市，全盛期從 20 世紀 70 年代起到 21 世紀初，隨

▲ 建國玉市的藍寶攤商。參觀玉市通常要有一些懂貨的朋友結伴，可以共同觀察討論，另外一定要記得攜帶筆燈與放大鏡

著廣東道玉街的興起而走向沒落。1980 ~ 2000 年初幾乎
臺灣的翡翠商人都會到此批貨，整條街到處都是講臺語
的臺商，每週一飛到香港，週四飛回臺北準備週末擺攤。
一個月跑 4 次密集補貨，就可以知道這裡當時有多繁華
富裕。臺灣如今有這麼多的高檔翡翠就是當年經濟起飛
的購買實力證明。除了臺灣客商，日本、韓國、新加坡
等地的華人也會前來買貨。

　　來這裡的人大多是觀光客，當年沒有珠寶鑑定，也不懂翡翠的好壞，更不知道東西有
無染色或灌膠處理過。如今廣東道上的翡翠商家已經收掉很多間，轉而販賣水晶、淡水珍
珠、礦石等。在甘肅街玉市購買翡翠，要張大眼睛注意 A、B、C 貨問題，也要記得索取
對方的名片與鑑定書。

▲ 香港甘肅街玉市，很多觀光客會前來
買翡翠，這裡 A、B、C 貨都有，買的時
候記得要向商家索取名片與保證書

▲ 這一批貨都是染色的，看到如此綠
的貨品，大家一定要仔細觀察，想想
是不是真的。像這種染色的手鐲，一
只價格在 1,000 ~ 1,500 元臺幣

▲ 這裡都是 A 貨，整體來看，不會
每個都很翠綠，也很少看到整顆全
綠，有的表面有黃褐色玉皮，價格在
3,000 ~ 3 萬元臺幣

▲ 潘家園舊貨市場是著名的淘寶集散地，除了北京市民外，很多外國人也會來此尋寶

▲ 這是 A 貨，大家可以觀察，顏色沒有均勻到完全一致的，綠色較淺，工藝比較普通，一般人都買得起，價格在 1,500 ～ 1 萬元臺幣

 ## 北京潘家園

　　北京潘家園交通非常便利，可以搭地鐵到勁松站下車，走路約 10 分鐘就可以到達。北京是中國首善之區，許多人對古董的愛好是無法想像的，而潘家園是北京最大的古董玉器市場，有上千家攤商在此擺貨，在這裡買貨可要有真功夫。這裡的貨源大多來自河南或廣州，主要是中低端的翡翠，想找便宜染色的 B、C 貨這裡都有。當然也可以花幾十到幾千挑選到漂亮的 A 貨，送給親友當生日禮物或彌月禮物。許多攤商都會掛上賣 B、C 貨的牌子，旁邊也有北京大學開的鑑定所為消費者服務，可以大大放心。買翡翠要注意看顏色與有無裂紋，而除了翡翠外，古玉、岫玉、和田玉、瓷器、銅器、木器、銀器、水晶類、珍珠、琥珀、核桃、南紅瑪瑙、戈壁石、黃龍玉等等，各種各類應有盡有。消費者大多是來自各地的遊客，也有許多外國人想買禮物回國送人，若有一個熟貨的朋友帶路，逛起來會方便許多。

▲ B 貨、B+C 貨手鐲，好的東西不會這樣成堆擺放，而且這些手鐲顏色也不自然

▲ 新場開窗的賭石，通常無顏色，質地鬆散，賭贏的機率低，一顆 1,500 ～ 5 萬元臺幣，想玩的人可以試試手氣

緬甸曼德勒（瓦城）

緬甸瓦城是一個很古老的交易市場，主要交易與拍賣的是密支那或勐拱等礦區運下來的原石。除了翡翠原石外，也有紅藍寶石、尖晶石、琥珀與各類水晶。這裡的拋光機器採用最原始的方式——用腳踩的，所以拋光一個低檔翡翠蛋面只需要 5 ～ 10 元臺幣。交易市場髒亂不堪，環境條件很差，在這裡要特別注意飲用水與食物衛生，不適應的朋友很容易拉肚子，這大概只有親自前來才能體會。

幾年前買一手低檔的手鐲，一只約 200 ～ 500 元臺幣。但這裡真假翡翠混雜，只有識途老馬或有熟人引薦才有機會看到好貨，通常主要是以蛋面翡翠為主，戒臺多為便宜的銅臺。很多人就站在路邊交易，你一買了染色貨或 B 貨後，馬上就會有另一群人圍起來要你買，這時候你就知道自己剛剛上當了。

早期有許多臺灣人去收購，到現在滿街都是中國大陸商家。想在當地吃得開，就得買下幾百萬到上千萬的高檔貨，下次包準有人會去機場接機，也會有一堆人排隊賣貨給你。

緬甸的工藝比較差，通常只有蛋面與手鐲上得了檯面，最近幾年有一群中國大陸的玉雕師去設廠，開始在瓦城附近生產雕件，未來工藝水平會大大提升。如今也有平洲與四會商人帶貨來瓦城賣，已經分不出是哪裡生產的貨了。

在瓦城賣翡翠賭石的人也相當多，幾萬到幾十萬的都有，但受騙上當的機率相當高，千萬不要貪小便宜，買到作假皮或內部挖空的原石。買完貨要拿回國前，一定要去繳稅金，而且要注意店家的收據正不正確。

另外，筆者在緬甸仰光機場見到海關人員會用生硬的普通話跟旅客要小費，你可以裝傻，但是他就會跟你硬碰硬。麻煩的是會搜遍你全身與整箱行李（得過兩關：大行李與隨身行李），所以有人會塞幾塊美金給錢了事。這是潛規則，如果買了很多貨，還是先準備小額 1 元美金多張在不同口袋裡，以備突發狀況之需。要是團體旅遊前往，就請導遊事先去疏通一下，免得耽誤上飛機的時間。

▲筆者在瓦城朋友的家中，身穿沙龍（當地服飾）。這是當地的木製別墅，屬於緬甸有錢人住的地方

▲在緬甸瓦城玉市裡的一個金工製作現場，買到翡翠蛋面可以來這裡加工，但是工藝水準較低

▲筆者在攤位上挑選翡翠蛋面，每一個售價在 10 ～ 15 萬元臺幣

▲在瓦城的路邊攤，很多人在路邊就可以交易了。但是旅遊的人要小心，不要買太綠的貨

▲竹筒拋光，屬於細拋。拋光一個蛋面也只要 5 ～ 10 元臺幣，這種古老的拋光方式現在只有在緬甸能看到了

▲腳踩的翡翠拋光機器，拋光一個蛋面約 5 ～ 10 元臺幣，屬於粗拋

3

翡翠的拍賣市場

　　很多人問我：「在拍賣會買到的東西會比較便宜嗎？」我不敢說一定不會比較便宜，只能說不太可能。到拍賣會去主要是挑精品，挑些平常店家那裡看不到的貨。而賣家拿去拍賣場賣的心態也都是想透過多人競標賣到好價錢，而不是想低價求售，若拍出創新高的價錢，更可以肯定自己多年的收藏眼光。觀察這5年來拍賣的翡翠，幾乎市面珠寶店或各地珠寶展都有機會看見，不像字畫、瓷器、古玉、古董類有年代問題，買家需透過專業的拍賣會取得藏品。拍賣的得標者（買家），還要付給拍賣公司一定比例手續費，以及承擔各地稅務問題。在拍賣場購買珠寶的主要心態，無非是希望買到稀有或有品質保障的寶石，也是一種投資理財。經過拍賣公司信譽保證與珠寶專家把關，可以買得比較安心。消費者在拍賣會上購買還可以得到搶標的刺激與樂趣，有些企業家是志在必得，不服輸心態，得標價往往高於市價。因此光是看拍賣會的得標價格也不一定準確，有些貨品也有可能流標。但是話說回來，貨品賣出去就是有行有市，也就是一個參考依據，每個人心裡有一把尺，買高買低，只要自己喜歡就好，想怎樣買就怎麼買。

　　針對國際知名的佳士得與蘇富比公司做市場分析，從最近5年的參考拍賣品圖錄，我們再次回顧，推估這些翡翠的行情與市價，僅供大家茶餘飯後參考，相同的翡翠在不同的場所與地點行情與價錢差異很大，有時候甚至差個幾倍到幾十倍都有。有可能你會說筆者估得太高，也有人會說估得低的離譜。消費者請按照自己的喜好去購買與收藏，買貴與買

▶玻璃種老坑翡翠鑽戒，弧度絕佳，鑽飾精美，參考行情價 500 萬～600 萬港幣（鄒六）

便宜都是買賣雙方甘心樂意，也祝大家能買到自己喜歡的翡翠收藏。

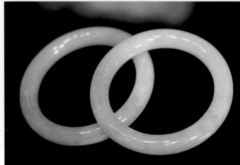

▲淺紫羅蘭冰糯種圓鐲一對，參考行情價 60 萬～ 80 萬港幣（鄒六）

 # 佳士得

佳士得拍賣行（Christie's）於 1766 年由詹姆士・佳士得（James Christie）在倫敦創立，為世界上歷史最悠久的藝術品拍賣行，拍賣品彙集了來自全球各地的珍罕藝術品、名錶、珠寶首飾、汽車和名酒等精品。佳士得設立的辦事處分布於全球共 90 個主要城市，並在全球 16 個地點定期舉行拍賣會，此外還提供與拍賣有關的服務，包括藝術品貯存及保安、教育、藝術圖片庫及物業等方面。2005 年，佳士得全球拍賣總成交金額高達 18 億英鎊（32 億美元），為佳士得有史以來的最高紀錄，進一步印證了其在業內的領導地位。

觀察最近這 5 年的拍賣行情，整體而言，翡翠的入門門檻大概在 6 萬～ 8 萬港幣，中高檔的價格在 20 萬～ 100 萬港幣，高檔在 100 萬～ 1,000 萬港幣之間，最高檔價格在 1,000 萬港幣以上（拍賣行的計價以港幣為主）。入門款以小擺件、小墜子居多。中檔是翡翠拍賣的主流，手鐲、擺件、墜子、戒指、耳環、胸針等有設計感的翡翠鑲嵌鑽石 K 金臺居多。中高檔以手鐲、蛋面戒指與耳環套組、珠鍊為主。高檔產品主要是手鐲、珠鍊、蛋面套鍊。

每一年的翡翠價位都會受到景氣、南北差異、商場品

▲玻璃種滿綠長珠鍊，種水色較好，非常難得，參考行情價 1,200 萬～ 1,500 萬港幣 （鄒六）

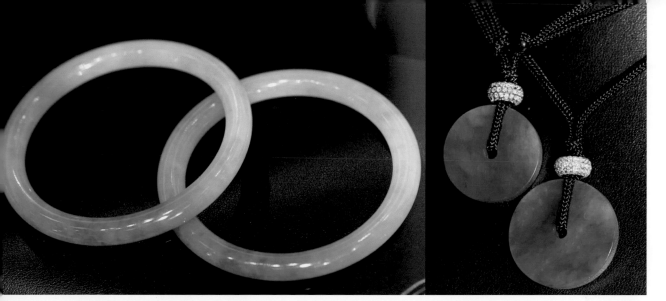

▲花青冰糯種圓鐲一對，參考行情價約 500 萬～ 600 萬港幣（鄒六）

▲冰糯種翠綠平安扣一對，參考行情價約 80 萬～ 100 萬港幣（鄒六）

牌、個人喜愛程度、商家的獲利程度影響，同樣的產品在不同地方起拍價與成交價都不一樣，所以幾乎無法估出真正的市場價格，有時估價相差幾十萬到幾白萬都有可能。翡翠講究的是緣分，想花多少錢去收藏最重要，得標的話值得恭喜，沒買到也不要太難過，這就是買翡翠的哲學。

　　以下為筆者觀察最近幾期的拍賣，預估出的市場價位，供大家參考。也許高估或低估了，相信很多行家心裡都有數。但預估價格沒有對與錯，只有高與低。這裡所估的價格只代表個人看法，同一件翡翠，每個行家估出來的價格可能都大不相同。提醒大家不能據此當作市場買賣參考依據，畢竟翡翠的價格仰賴市場自由機制，只要買賣雙方皆大歡喜就行了。讀者亦可自行上網查看翡翠照片資料，查詢當年拍賣價格。

2007 年 12 月

編號 2058，玻璃種小佛公，38.14*29.85*11.66mm，開價 4 萬～ 6 萬港幣，目前大約市價 10
　　　　萬～ 15 萬。

編號 2060，玻璃種白翡鑲鑽一組 3 顆，最大顆為 22.56*19.47*10.70mm，估價是 25 萬～ 35
　　　　萬港幣，一顆約 10 萬元，現在市價約 15 萬～ 25 萬，白色翡翠漲幅約 1 ～ 2 倍。

編號 2063，冰種圓手鐲，手圍 54.3mm，寬 10.37mm，開價 20 萬～ 30 萬港幣，目前上看 20 萬～ 30 萬，冰種無色白翡的上升力道比較薄弱，需要特別注意。

編號 2066，黑色墨翠扁手鐲，手圍 53.2mm，寬 12.45mm，開價 6 萬～ 8 萬港幣。如果是墨玉，可就貴了，現在大概值 50 萬～ 80 萬。

編號 2083，兒孫滿堂 10 件孩童雕件一組，高 7.5 ～ 10.4cm。屬於糯種白色，小擺件，開價 3.8 萬～ 5.5 萬港幣，因為無色，所以上漲空間不大。

編號 2084，金童玉女雕件一組 3 件，最大件為 15.5*5.6*3.3cm，屬於糯種花青，開價 10 萬～ 15 萬港幣，現在應該有 30 萬～ 50 萬。

編號 2085，花開富貴擺件，17*10.3*5.1cm，屬於黃翡，開價 8 萬～ 12 萬港幣，市價為 30 萬～ 50 萬左右。

編號 2086，翠玉白菜雕件，15.1*7.7*5.2cm，算是豆青，開價 8 萬～ 12 萬港幣，現在市場上看 30 萬～ 50 萬。

編號 2157，冰種飄綠絲圓手鐲一對，內徑 53.44 ～ 52.15mm，寬 9.13 ～ 9.15mm，開價 18 萬～ 25 萬港幣，平均一只約 10 萬左右，目前一對的行情在 60 萬～ 100 萬左右。

編號 2224，花青冰糯種扁鐲一只，顏色有一節非常翠綠，屬小手圍 50.65mm，寬 12.80mm，開價 18 萬～ 25 萬港幣，目前行情大約 100 萬～ 200 萬左右。

編號 2295，紅與綠色珠鍊兩條，直徑為 37.30*5.38mm、37.23*5.24mm，鍊長 62cm。開價 120 萬～ 180 萬港幣，現在綠色珠鍊上看 400 萬～ 700 萬，紅色珠鍊上看 100 萬～ 150 萬。

編號 2300，祖母綠色翡翠圓手鐲，內徑 55mm，寬 10.75mm，估價 240 萬～ 350 萬港幣，目前行情在 1,000 萬～ 2,000 萬。

編號 2301，豔翠綠翡翠蛋面耳釘一對，16.23*13.71mm、16.32*14.38mm，一對開價 220 萬～ 300 萬港幣，目前上看約 350 萬～ 500 萬。

編號 2306，亮綠色珠鍊，直徑 13.68 ～ 18.20mm，長 50cm，開價 550 萬～ 800 萬港幣，目前上看 1,500 萬～ 3,000 萬。

2008 年 12 月

編號 2938，五穀豐收，連生貴子，開價 6.5 萬～9.5 萬港幣，目前看來投資效益並不大。

編號 2940，黃加綠翠玉白菜，136.70*72.43*57.15mm，開價 42～65 萬港幣，目前市場行情有 100 萬～150 萬。

編號 2945，翡翠佛手，39.25*16.46*6.46mm，開價 20 萬～30 萬港幣，如今有 100 萬～150 萬的行情，也上漲了 4～5 倍。

編號 2988，玻璃種白翡小佛公鑽石吊墜一組 2 顆，23.81*31.58*5.86mm，開價 3 萬～5 萬，日前市價約 10 萬～15 萬，漲幅在 3 倍左右。

編號 2990，墨翠佛公，31.97*37.73*8.81mm，中型大小，當初估價 1.5 萬～2.5 萬港幣，如今有 5 萬～8 萬的行情，漲幅約 3 倍左右。蛋面或水滴的戒指與耳環一直是人們注目的焦點，直徑在 10mm 以下算小，10～15mm 中等，16～20mm 算是大，21mm 以上算是超大。當然每一顆的種、水、色都不一樣，最好每次都能到現場的預展參觀，光看圖錄還是會有色差。小件商品開價 6 萬～8 萬港幣，中價位開在 20 萬～40 萬港幣，高價位開到 100 萬～380 萬港幣。

編號 2998，祖母綠色圓手鐲一只，手圍 52.55mm，寬 9.48mm，當時估價 420 萬～550 萬港幣，現在市價有 4,000 萬～5,000 萬，4 年內市場漲幅高達 10 倍。就算當初以 1,000 萬標下，現在也是穩賺不賠。

編號 3081，冰種紫羅蘭滿色圓鐲，內徑 53.34mm，寬 8.71mm，當時估價 80 萬～120 萬港幣，現在的市場行情在 700 萬～1,000 萬左右。可見若是之前投資紫羅蘭翡翠，現在都有不錯的收穫。

編號 3088，豔祖母綠色平安扣，內徑 6.3mm，寬 31.12mm，當時估價 680 萬～880 萬港幣。這表示高品質翡翠有時不一定要雕刻，簡單保持原狀就可以。

2010 年 12 月

編號 1944，翠綠色玻璃種辣椒鑽石吊墜，41.25*12.81*9.53mm，估價 180 萬～ 280 萬，目前看到 500 萬～ 700 萬。

編號 1945，豔綠玻璃種葉子鑽石耳環一對，29.43*14.64*4.56mm，這對葉子實在太美了，無可挑剔，開價 220 萬～ 300 萬港幣，預估目前行情約 600 萬～ 900 萬。

編號 1999，花青糯種竹報平安擺件，180.30*118.25*83.84mm，開價 28 萬～ 38 萬港幣，目前上看 50 萬～ 100 萬。

編號 2007，豔紫羅蘭蛋面戒指與耳環一組 3 顆，少見的顏色，最大 16.68*13.61*6.34mm，開價 90 萬～ 150 萬港幣，目前市價約 200 萬～ 300 萬。

編號 2038，長壽烏龜一組 8 隻，最大 67.61*41.86*40.45mm，開價 8 萬～ 12 萬港幣，目前估價 10 萬～ 15 萬。

編號 2039，美食海鮮拼盤，魚、滷肉、蝦、螃蟹、鮑魚、干貝、海參等，十分逼真，最大 160.0*103.0*27.0mm，開價 28 萬～ 38 萬，目前行情為 40 萬～ 60 萬。

編號 2041，高冰扁手鐲一對，內徑 57.08 ～ 57.04mm，寬 16.48 ～ 14.06mm，開價 35 萬～ 55 萬港幣，目前行情在 60 萬～ 90 萬。

編號 2086，翡翠珠鍊，直徑 8.71 ～ 13.15mm，長 55cm，顏色不是很均勻，開價 40 萬～ 65 萬港幣，目前行情價在 150 萬～ 300 萬。

編號 2094，珠鍊，直徑 11.5 ～ 16.45mm，長 46cm，有幾顆顏色沒有全綠，質地算不錯，開價 120 萬～ 200 萬港幣，目前預估 500 萬～ 700 萬。

▶ 玻璃種滿綠彌勒佛擺件（鄒六）

2012 年 12 月

　　由於從 2011 年底至今，不管是中國大陸還是臺灣，翡翠業者幾乎都覺得景氣冷清，經營慘淡。可想而知會對奢侈品產生重大衝擊，不但會降低成交率也會降低成交價，甚至會導致流標或棄標。唯獨高檔的翡翠仍然一枝獨秀。

編號 1807，雕花仿古扁手鐲，有亞洲前元首夫人加持，相信會增加一點魅力與色彩。這只手鐲內徑 55.5mm，是很標準的手圍，復古中國風，適合大約 40 ～ 50 歲的女士佩戴。這種豔綠糯種，底色乾淨，實在討喜。開價在 80 萬～ 120 萬港幣，評估約在 150 萬～ 200 萬左右成交。

編號 1809，花青種圓鐲，有三分之二翠綠色，手圍 52mm，稍微小了一點，寬度 9mm，開價 800 萬～ 1,200 萬。這只手鐲只有嬌小的女士能配戴，評估成交價在 1,000 萬～ 1,100 萬。

編號 1850，滿翠觀音，49*24*5.4mm，種、水、色都好，雕工也是非常精緻，開價 300 萬～ 500 萬港幣，評估成交價在 700 萬～ 800 萬左右。

編號 1851，紫羅蘭珠鍊，難得的種、水、色俱佳，直徑 8.8 ～ 1.3mm，共 63 顆，長 70cm，適合企業家夫人佩戴。這幾年紫羅蘭翡翠的價格炒得特別高，這條珠鍊的顏色均勻完整，相信可以拍出好價位。開價 800 萬～ 1200 萬港幣，評估成交價在 1,300 萬～ 1,500 萬。

編號 1882，滿翠彌勒佛，52.8*30.1*10mm，水頭夠好，唯獨顏色在手與腳的部位稍嫌

▲ 玻璃種白翡鑲鑽戒指（鄒六）

不夠濃郁。由於體積較大，戴起來霸氣十足。開價 180 萬～ 280 萬，評估成交價在 300 萬～ 400 萬之間。

編號 1889，滿翠馬鞍戒指 2 只，27.1*8.9*5.5，26.3*9.6*5.4mm，戒圍 63/4 及 71/4。由於有戒圍的限制，因此並不會有太多的競標者，開價 100 萬～ 150 萬，評估成交金額在 150 萬～ 180 萬之間。

 ## 蘇富比

蘇富比拍賣行（Sotheby's），總部位於英國倫敦，是世上唯一擁有英國文學研究專家的拍賣公司。主要拍賣中心位於美國紐約和英國倫敦，辦事處遍布全球，包括中國大陸、香港、日本、臺灣、新加坡、印尼、泰國、馬來西亞、菲律賓、韓國、美國、澳洲、義大利、荷蘭、瑞士等等，其中 Sotheby's Holdings, Inc 旗下擁有蘇富比全球拍賣業務、與藝術有關的財務服務及其他非公開拍賣的銷售活動。

2008 年 10 月

編號 1670，冰種飄綠絲珠鍊與耳環，珠子直徑 13.5 ～ 14.0mm，長 45cm，開價 18 萬～ 25 萬港幣，目前行情價 30 萬～ 40 萬。

▲ 玻璃種滿綠翡翠馬鞍戒，參考行情價 250 萬～ 300 萬港幣，適合中年事業有成的女性，彰顯雍容華貴、優雅非凡的氣質（鄒六）

▲ 玻璃種滿綠翡翠鑲鑽耳墜，飽滿、潤澤，翠色欲滴、光豔奪目（鄒六）

編號 1760，祖母綠色翡翠蛋面，19.83*15.90*6.88mm，水頭極佳，開價 180 萬～ 250 萬港幣，目前行情大約 350 萬～ 450 萬。

編號 1826，玻璃種帶綠觀音，61.75*32.98*6.50mm，算是較大件的翡翠，開價 5 萬～ 8 萬港幣，目前行情價約 25 萬～ 35 萬。

編號 1828，彌勒佛與童子如意招財擺件，糯種帶外皮黃翡，工形完整，143.25*88.75*58.00mm，開價 12 萬～ 16 萬港幣，目前行情價約 25 萬～ 35 萬。

編號 1833，翠玉白菜雕件，葉子上有一隻翠綠色螳螂，165.0*150.0*70.0mm，開價 88 萬～ 100 萬港幣，目前行情價約 200 萬～ 300 萬。

編號 1906，翡翠豔綠辣椒鑽墜，51.4*17.75*10.70mm，水頭長，開價 680 萬～ 780 萬港幣，目前行情價 1,000 萬～ 1,100 萬。

編號 1919，超大的翡翠蛋面鑽石項鍊。28.35*23.12*11.92mm，開價 1,100 萬～ 1,380 萬港幣，目前行情價約 1,500 萬～ 1,700 萬。

▲ 豪華鑲鑽陽綠翡翠套鍊，適合時尚優雅的中年成功女性，出席宴會、慶典等場合，璀璨奪目，容易成為矚目的焦點。（鄒六）

2009 年 10 月

編號 1399，糯種帶綠彌勒佛，51.01*46.18*15.15mm，開價 4 萬～ 6 萬港幣，目前行情價 3 萬～ 5 萬。

編號 1400，紫羅蘭帶淺綠雕花扁鐲一對，55.10*7.10*7.65mm，55.90*7.35*7.85mm，一對開價 6 萬～ 8 萬港幣，目前行情價約 15 萬～ 25 萬。

編號 1403，豔翠綠色馬鞍戒指，23.03*8.95*4.58mm，開價 12 萬～ 16 萬，目前行情價 40 萬～ 50 萬。

編號 1449，玉堂富貴三彩玉雕擺件，148.0*120.0*54.62。開價 9 萬～ 12 萬港幣，目前行情價 20 萬～ 30 萬。

編號 1492，高翠滿色翡翠手鐲，開價 130 萬～ 180 萬港幣，目前行情價 1,500 萬～ 2,500 萬，是最值得投資收藏的翡翠。

編號 1494，豔翠綠色蛋面戒指，形狀飽滿，種、水、色俱佳，22.98*18.27*9.88mm，開價 200 萬～ 280 萬港幣，目前行情價 1,000 萬～ 1,200 萬。

編號 1495，頂級豔翠綠色珠鍊，10.86 ～ 17.73mm，長 54cm，近年來罕見物件，種、水、色俱佳且大，開價 680 萬～ 850 萬港幣，目前行情價 3,000 萬～ 4,000 萬。

2010 年 10 月

編號 1638，高冰彌勒佛配祖母綠鑽墜，37.68*46.86*7.90mm，身材比例完整，開價 4 萬～ 9 萬，目前行情價 5 萬～ 10 萬。

編號 1640，冰種黃翡翠手鐲，少見黃翡能這麼透明，73.63*58.07*10.82mm，開價 6 萬～ 9 萬港幣，目前行情價約 15 萬～ 20 萬。

編號 1650，春帶彩圓手鐲，淺紫羅蘭帶兩處綠，74.11*55.56*9.70mm，這樣的手鐲比較常見，開價 8 萬～ 13 萬港幣，市場行情價約 10 萬～ 15 萬。

編號 1705，翡翠蛋面鑽戒，23.38*18.28*7.68mm，相當大顆，綠色稍微不均勻，開價 20 萬～ 30 萬，目前行情預估 50 萬～ 60 萬。

編號 1789，翡翠珠鍊，直徑 7.9 ～ 11.13mm，71 顆，長 70cm，種、水、色都好，實在難得，開價 500 萬～ 600 萬港幣，現在市場行情價約 1,300 萬～ 1,500 萬。

編號 1790，糯冰種花青扁鐲，豔翠綠色占約四分之一，內徑 57.10mm，寬 14.28mm，厚 8.70mm。開價 580 萬～ 680 萬港幣，市場行情價約 600 萬～ 750 萬。

編號 1792，翡翠蛋面戒指，種、水、色都好，17.48*14.68*6.6mm，開價 280 萬～ 380 萬港幣，目前市價約 500 萬～ 650 萬。

編號 1917，翡翠綠葉玉鑽墜，種、水、色佳且大，46.10*24.36*4.93mm，開價 90 萬～ 120 萬港幣，目前行情價約 250 萬～ 350 萬。

2011 年 4 月

編號 1596，黃加綠翡翠雕件，144.60*190.00*56.70mm，整體雕刻布局並不生動，但現在原料比較稀缺，開價 8 萬～ 12 萬，目前市價約 10 萬～ 15 萬。

編號 1661，翡翠配鑽石珠鍊 2 條，直徑 6.48 ～ 9.78mm，長 66、62cm，非常難得，開價 120 萬～ 140 萬港幣，目前市價約 450 萬～ 550 萬。

▲ 冰糯種亮麗紫羅蘭平安扣，外緣圓潤，整體造型小巧玲瓏，完美精緻，寄寓了人們對平安幸福的美好期盼，參考行情價 60 萬～ 100 萬港幣 （鄒六）

▲ 玻璃種老坑翡翠葉子，種水色佳，事業（樹葉）有成，參考行情價 200 萬～ 250 萬港幣 （鄒六）

編號 1666，翡翠佛手配鑽項鍊，51.48*29.69*11.77mm，顏色絕佳，體積也非常大，質地要是能夠再透一點更好。開價 550 萬～ 620 萬港幣，市價約 800 萬～ 1,000 萬。

編號 1695，翡翠觀音配鑽石墜子，43.63*22.05*6.38mm，種、水、色均佳，開價 22 萬～ 28 萬港幣，市價約 150 萬～ 200 萬。

編號 1697，翡翠花籃春帶彩糯種擺件，133.00*95.63*54.61mm，色與種普通，開價 4 萬～ 6 萬港幣，市價約 3 萬～ 5 萬。

編號 1819，翡翠珠鍊配紅藍寶石，直徑 9.92 ～ 12.36mm，長 68cm，種、水、色都是上品，難得一見，開價 3,000 萬～ 4,500 萬港幣，目前市價約 5,000 萬～ 6,000 萬。

2012 年 10 月

編號 1597，翡翠觀音鑲鑽吊墜，種、水、色均佳，44.60*29.25*3.66mm，開價 46 萬～ 55 萬港幣，市價約 80 萬～ 120 萬。

編號 1688，翡翠荷花青蛙、鴨子鑲鑽吊墜，長 51cm，開價 48 萬～ 63 萬港幣，市價約 150 萬～ 200 萬。

編號 1692，翡翠配鑽石珠鍊，直徑 13.01 ～ 13.16mm，種、水好，很難得，就是顏色不夠均勻，開價 160 萬～ 200 萬港幣，市價約 300 萬～ 350 萬。

編號 1695，翡翠彌勒佛鑲鑽吊墜，30.85*35.98*7.28mm，種、水、色均佳，比例也非常好，開價 450 ～ 600 萬港幣，市價約 550 萬～ 700 萬。

編號 1809，紫羅蘭圓鐲，內徑 55.85mm，厚 11.25mm，顏色並不均勻，開價 38 萬～ 48 萬港幣，市價約 40 萬～ 50 萬。

編號 1841，黃翡冠上加冠雕件，雕刻得栩栩如生，130.35*101.73*63.31mm，開價 12 萬～ 17 萬港幣，市價約 15 萬～ 20 萬。

編號 1855，翡翠綠葉鑲鑽耳墜一對，種、水、色均佳，34.28*15.51*4.86mm，開價 390 萬～ 500 萬，市價約 450 萬～ 550 萬。

編號 1858，翡翠玉蘭花鑲鑽吊墜，種、水、色均佳，38.05*24.68*11.16mm，開價 680 萬～ 750 萬，市價預估 650 萬～ 750 萬。

▶ 翡翠心經牌

種質細膩通透，呈半透明，翠色潔白無瑕，雕刻大方古樸，形制飽滿完整，《心經》字體大器，流露佛法本質，經典教導，寓意深遠

尺寸：█.7*2.0*1.0cm

無底價

成交價：1.76 萬（人民幣）

▲ 冰種紅翡三元豆耳墜

橙紅色飽和且均勻，種質潤澤細膩，晶瑩通透，用料完整，雕刻三元豆飽滿厚實，以鑽石圍鑲，寓意連中三元。達到冰種的紅翡數量少，有特色，現在行情價還不高，是近期逆勢上漲的品類，非常值得關注

尺寸：█2.0×1.0×0.5cm，2.0×1.0×0.5cm

參考價格：6 萬～█萬（人民幣）

成交價：6.6 萬（人民幣）

甄藏拍賣

北京甄藏拍賣有限公司是中國首家專業翡翠拍賣公司，每年都會舉辦 2 場收藏級翡翠專場拍賣。面對龐雜不透明的翡翠市場，甄藏拍賣的目標就是要建立公開、公平、公正的翡翠市場。

北京甄藏拍賣有限公司是由長年在翡翠第一線的資深翡翠專家選貨，定價專業精準，所拍貨品既有市場上難得一見的收藏級翡翠，也有工藝獨到、價格不高但頗具升值潛力的翡翠小品，翠友們既能體驗拍賣的樂趣，也能掌握最前線的翡翠行情，還能體會深厚的中華翡翠文化，是學習交流翡翠知識的另一平臺。

▲ **三彩翡翠手鐲**
冰種翡翠扁條手鐲，兼有黃、綠、白三色，底子為乾淨的白色，黃翡鮮豔，呈絲狀橫向分布，翠色鮮嫩，呈脈狀分布其間，襯托出女性純淨柔美的氣質。寓意圓圓滿滿。
圈口：5.7cm 鐲寬：1.4cm 鐲厚：0.8cm
參考價格：20 萬～ 30 萬（人民幣）
成交價：16.5 萬（人民幣）

▲ **帝王綠翡翠項墜、耳墜一套**
三粒翡翠的顏色非常濃豔，為翠色中最佳的帝王綠色，佩戴起來光彩奪目，極顯名媛風範。寓意多子多福，綿延不斷。
耳墜：2.9×0.8×0.3 cm
吊墜：3.5×0.9×0.5 cm
參考價格：28 萬～ 30 萬（人民幣）
成交價：30.8 萬（人民幣）

▲ **翡翠小貓項墜**
由兩顆翡翠戒面組成，種質細膩通透，翠色嬌豔，主石厚實飽滿，配以白 18K 金及鑽石鑲嵌，相映成趣，整體造型俏皮可愛，時尚大方
橢圓蛋面：0.9×0.7×0.5cm
水滴型：1.1×0.6×0.7cm
參考價格：2.5 萬～ 3 萬（人民幣）
成交價：3.3 萬（人民幣）

4

翡翠市場獨有的賭石

 認識翡翠原石

翡翠原石種類與特徵

翡翠原生礦脈一旦露出地表，就會受到周圍環境影響，尤其是氣候、溫差，就連颱風下雨也會影響礦脈。有些是裂隙加大，逐漸風化後，受重力作用而崩解，滾落河床，經過滾動而磨圓；有些是因為礦物組成成分不同，受到風化的程度有差異，比較軟的礦物最先風化（鈉長石與角閃石部分首先風化），造成凹陷、裂開與侵蝕皮殼，這樣的氧化作用會讓礦脈表面產生褐鐵礦與高嶺土等礦物。

仔料產狀與類型

翡翠仔料產狀大多學者認為可以分成 3 種：殘坡積型、礫岩型、河流沖積型。殘坡積型主要跟原生礦床有關，礦脈在大自然的日晒雨淋風化作用下崩解成碎塊滾落，殘留在附近或不遠的坡腳下沉積，這樣的仔料稜角分明，皮殼較厚，市場上不多見。礫岩型開採出來的皮殼比較薄且硬，主要是因為礫岩中的翡翠仔料是經過滾動再受到風化與侵蝕後，被

埋藏在礫石堆中。由於與空氣阻隔，只受到地下水作用，外皮多呈黑色，有時還有蠟狀光澤，俗稱「黑砂皮」或「烏砂皮」。河流沖積型的仔料外皮較薄，主要是因為經常滾動，鬆軟的風化殼比較容易被磨蝕掉，這種仔料稱為「水料」或「水石」，質地通常較佳。

仔料構造與特徵

　　受到風化作用之故，顏色會順著玉皮滲透到裡面，在外表造成有顏色的「外殼」、「外皮」或「砂化」的風化層，這是所有大自然岩石漸變成土壤的自然過程。在風化層繼續往內受侵蝕的地方叫半風化層，也就是俗稱的「霧」。霧的面積分布大小與厚度不一定，也會造成不一樣的顏色，通常有紅、黃、藍、黑等顏色。霧的裡頭，就是原來新鮮未受風化作用的玉肉。

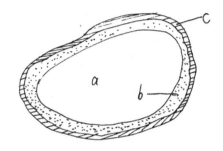

▲ 翡翠仔料構造圖
a. 新鮮的玉肉
b. 半風化玉石——霧
c. 風化層——皮

▲ 翡翠原石的皮、霧與肉

▲ 翡翠原石灰色的霧

▲ 翡翠原石黑色的霧

▲ 翡翠原石黃色的霧

▼ 白砂皮

▼ 黃褐色砂皮

▲ 紅砂皮

仔料外皮種類與特點

翡翠仔料的外皮顏色與表面特徵變化多端：外皮顏色通常因為風化程度的不同，加上時間長短與周圍土壤酸鹼性的交互作用而有所差異；表面特徵則與原石本身礦物的顆粒粗細及礦物的組成種類有關。在同一場區同一土層挖出的仔料顏色幾乎是一樣的，但是不同深度（不同土層）的顏色就會不一樣。根據 2012 年李永廣的說法，翡翠的場口之中有 27 個大場口，已經開採到 20 公尺到 100 多公尺以上，由上而下開採，可分別採出黃砂皮、紅砂皮、黑砂皮。著名的後江場區有 10 多個場口，論品質與產量都受到許多商家喜愛，所產出的高色極品老坑種仔料，表皮就有紅蠟、白臘、黑臘三種皮殼。皮殼種類的分法，許多專家都有自己的意見與專業，統合起來較簡單易懂的分法是由中國地質大學（武漢）珠寶學院袁心強教授所提出，按照顏色與外表手感粗細來分：砂狀皮、蠟狀皮、半山半水皮與水翻砂皮、水皮等。

1. 砂狀皮

砂狀皮的外表粗糙，砂粒手感明顯，皮層稍厚，沒有任何光澤，質地鬆散。常見的有白砂皮、黃砂皮、黑砂皮、紅砂皮。

白砂皮：白砂皮通常為白色與淺灰色，砂粒手感明顯。白砂皮通常內部沒有高綠，偶而會出現淺綠與淺紫羅蘭顏

色。白砂皮一般質地細膩，且透明度高，通常出冰種翡翠。

　　黃砂皮：顏色以土黃色、黃褐色、淺黃色為主，是最常見的皮殼。皮可薄可厚，砂粒手感粗糙。黃砂皮可出現較多綠色（黃加綠），且面積可以非常大，有時會有春帶彩（紫與綠）。質地由豆種到糯種都有。

　　黑砂皮：黑砂皮主要為黑色與灰黑色調。皮殼比較緊密，略有蠟狀光澤。黑砂皮的爭議相當多，不同專家有不同見解。筆者看過許多黑砂皮開出窗口帶黑霧，且內部乾，帶灰色，是賠錢貨。如果黑色外皮能用燈光打出內部的綠色，因為表皮黑色會掩蓋綠色，代表內部顏色會更加翠綠。黑砂皮有拳頭大小的，也有兩隻手抱不動的，部分賭石的朋友堅信黑砂皮可以出高色老坑，有機會出現幾百萬的蛋面，因而青睞有加，但也有人吃了悶虧，從此不再碰黑砂皮。

　　紅砂皮：紅砂皮主要為紅褐色，有人稱為鐵砂殼。這種外皮比較堅硬，皮殼也薄，仔料外形多有稜角。表皮常見有松花或是黑蟒紋路，可推斷內部有高色出現。有人喜歡賭紅砂皮殼，挑戰性很高，需要謹慎下手。

2. 蠟狀皮

　　蠟狀皮顏色有白、黃、黑、紅蠟皮等。蠟狀皮的顏色與出露的地層有很大關係。靠近地表的黃礫石層或紅礫石層裡會出現紅或黃蠟皮。較深的黑石層中會產出黑蠟皮，摸起來表皮顆粒較細，與內部質地並不一致，總之都是要多體驗。

　　蠟狀皮主要產在後江與會卡產區。有行家認為部分後江

▼ 黃砂皮

▲ 灰砂皮

▲ 黑（烏）砂皮

的紅蠟狀皮,皮薄且白裡透紅,往往水頭長,時常出現滿綠高貨。黃蠟皮殼時厚時薄,有時出現淺綠,有時偏藍,想出高色要靠點運氣,總之就是讓人摸不著頭緒。

3. 半山半水皮與水翻砂皮

半山半水皮主要是風化非常嚴重的仔料,表面經過流水的侵蝕,因而非常光滑,有些小地方可以發現殘留的風化皮殼。這樣的皮殼可以清楚看見內部特徵,推測質地相當容易。水翻砂皮是圓度較好的翡翠仔料,有一層砂狀的風化皮,砂粒較細,皮殼很硬且薄,推測質地也很容易。

4. 水皮

水石在河床裡激烈滾動,鬆軟的風化層在礫石的碰撞下幾乎磨損得差不多了,只剩一層有顏色的薄皮,燈光照射下幾乎可把內部顏色看得一清二楚。水皮的顏色多樣,有白、紅、黃、黑等。主要產地是霧露河沿岸的河床,主要場口為帕敢、龍塘等地。

仔料外皮顏色紋路

1. 癬

癬是原石表面或裡面可見黑色或黑灰色的條帶狀、色斑,俗稱雜質。這些黑色的癬主要成分有角閃石、鉻鐵礦等。在筆者的研究中發現,黑色鉻鐵礦四周會有高綠出現,是黑色鉻鐵礦不斷釋放綠色鉻離子導致翡翠變綠,這就是所謂的「綠隨黑走」,互相牽連分不開,就是活癬;如果是出現黑色角閃石的話,那就是死癬,不會產生綠色,是嚴重的雜質。因此在外皮看到癬時,就要觀察是死癬還是活癬。

2. 蟒帶

翡翠原石表面可見有深有淺的綠色帶狀、塊狀、細條狀,依一定的方向排列。有蟒帶

的地方，不見得內部有綠，但蟒帶一般會與綠色的走向平行，綠色的走向一般與原生硬玉裂隙有關，是後期鉻離子充填造成的。

3. 松花

松花是外皮呈現如苔癬一樣的綠色，通常是點狀、團塊、斑塊與不規則狀條帶。外表有松花代表內部有可能會出現綠。松花有時肉眼可見，有時需要用放大鏡觀察，根據松花的顏色形狀、走向、疏密、深淺等判斷其內部綠色的深淺、走向、形狀、大小等。通常觀察原石前都會在表面噴水溼潤，再利用強光手電筒照射。

▌仔料的綹裂

翡翠仔料表面的複合或充填物質稱為「綹」，如果是肉眼見到的裂隙則稱為「裂」。細心觀察原石表面常可見凹陷的地方，也就是綹裂的地方。綹裂的形成有的是「原生綹裂」，是翡翠生成時受到擠壓碰撞與溫度變化收縮所造成。「後期綹裂」是翡翠形成後才造成，大多明顯可見，對翡翠原石殺傷力非常大。綹裂可分成大綹、小綹、細綹、井字綹等。大綹裂有時會貫穿原石，稱「通天綹」，有時需要剖開才能發現。

所有仔料都是山石崩裂滾下來磨圓的，因此觀察綹裂要注意原石外型，例如是否有小 V 形漕溝、階梯狀的漕溝、大斜交成 V 字形等構造。因為裂綹有可能沿這些構造往原

▲ 原石表面的松花（綠色小點）

▲ 綠隨黑走

▲ 黑蟒已經從原石表面滲透到內部去了

▲ 原石表面的綠色蟒帶

石內部發展，不可不謹慎。有些綠色條帶本身就是這些綹裂充填綠色鉻離子（隨綠裂），另一種裂綹會切斷綠色帶（截綠裂），有時也會切穿錯位綠色條帶（錯綠裂），都需要仔細觀察。

原石最怕綿密且細的綹裂，幾乎無法取出小蛋面出來，只能使用在雕刻花件或擺件上。大的綹裂只要避開，就能做出鐲子或取出漂亮的蛋面，所以通常商家比較不怕大綹裂。

▲ 樹枝裂

▲ 平行裂

▲ 樹枝裂

▲ 井字裂

▲ 拋光粉致色（劉海鷗）　　　　▲ 假皮（劉海鷗）　　　　▲ 假口（劉海鷗）

▍仔料的作假

　　翡翠仔料作假最常見的是皮殼作假，製造假皮殼就是拿山料滾圓，泡酸後埋在土裡一段時間再銷售。通常會出現在瓦城、仰光或瑞麗等原石交易地，大多是隨意擺在路邊兜售，當你買走一顆幾萬塊的原石後，小販便消失一陣子轉移陣地或慶功去了。

　　存心造假：拿染色石英或無色翡翠染綠，經過水泥與細小砂石混合塗抹表面，埋在土裡數年後，再擦出綠色窗口，以假亂真。

　　挖空內部：是將原石內翠綠部位取出，再灌入比重較重的鉛，最外面再黏貼假皮，但這是最早期做法，現在並不多見。

　　開窗口塗綠膜或貼綠片：原本是無色的窗口，經過塗抹綠色指甲油，或者黏貼一層綠色的翡翠薄片，造成打光後的視覺效果，引誘消費者購買。

　　原石染綠蟒帶：直接在翡翠凹槽處塗抹綠色顏料，造成綠色蟒帶假象，不可不防，必須小心。

　　其他似玉作假：常見的有以大理石、碧玉、鈣鋁榴石、鈉長石（水沫子）等混充翡翠，價值相差很多。之前曾傳出在緬甸公盤買到假貨或被掉包的情形，但若是在平洲購買，平洲玉器協會保證如假包退，特殊的原石也都會註明名稱。

　　如何預防買到假原石，首先就是不跟不熟的人買，勿貪小便宜，最好是跟有店面的買，另外如果可以現買現切開就更有保障了。

賭石的步驟

翡翠買賣在市場上可看到的有原石（賭石）、明料（山料或已經剖開）、半成品（雕好未拋光）、成品（素面與雕件或金鑲玉製品）。其中最神祕、最令人心驚膽跳的就是賭石。厚厚的皮殼就像女人的面紗，只有掀開這面紗，才能得知玉石（美人）的真面目。大多消費者都是購買成品，光是成品就已經讓人摸不著頭緒了（種類太繁雜，價格差異太大），所以原石大多數是翡翠加工廠老闆、玉雕師傅、翡翠店老闆、少數玩家與藏家投資收藏。由於有太多不確定性，至今只有行家、玩家與藏家；賺錢的就是贏家，反之就是輸家。有人說「一刀窮，一刀富」，在瑞麗只要切出種、水、色好的翡翠，就會在門口放煙火，甚至擺桌請客，連續吃好幾天。專門買原石回來切的，通常都來自翡翠世家，揭陽、平洲、四會、廣州、瑞麗、騰衝、盈江還有早期的香港廣東道等都是翡翠加工場的集散地，憑著父傳子或親戚、同行間交流，不斷累積經驗，以獨資、合股各種方式來分擔風險。在中國，買賣翡翠原石的少說也有上萬人。

賭石其實就是賭翡翠原石的仔料，在看不見內部質地、顏色分布與綹裂的狀態下，只能看原石外表的蛛絲馬跡，憑經驗來推敲。賭石通常分成擦石、切石與磨石這三個步驟。

▌擦石

就是擦出一個大拇指大小的窗口，目的是要找到原石最綠的部位。最簡單的方法就是用不同粗細的砂紙磨出一個小窗，現在大多是用高轉速的陀輪磨拭。這是觀察賭石最古老的方法，不了解內部狀態就輕易切開，往往會造成不可挽回的錯誤。透過這窗口打光可以觀察內部，判斷霧、綠色深淺、分布、深度與原石透明度。擦口通常需要有經驗的人來進行，必須了解這塊原石來自哪個場口，因為每一個場口的特性都不大一樣。如果擦出綠色，且面積加大，通常就會再次待價而沽，把風險留給下一個人。在瑞麗姐告市場裡，大多攤

商會賣同樣外皮顏色、同一場口的賭石，當然也有攤販會賣不同顏色外皮、不同場口的賭石。在旅遊景點花 1 ～ 2,000 元賭石，切開之前的興奮與期待，讓心臟都快要跳出來，幻想自己即將變成百萬富翁，但常就在切開的那一瞬間，眼球差點蹦出來——菜頭一個，還是回到實際生活中努力工作比較實在。

▌切石

切石就是經過擦口的判斷後，將賭石剖開成兩半，就像賭博時開牌，一翻兩瞪眼。有句話說：「擦漲不算漲，切漲才算漲。」擦漲可能只有 3、4 成把握，但是切漲幾乎有 7、8 成把握。賭石切開之後，通常不是大賺就是大賠：不是開賓士，就是騎腳踏車；不是吃魚翅，就是吃粉絲。通常指揮下刀的人都是老闆，或是幾位合資者一同下決定，有時也會請切石老師傅給點意見。現在切石頭可分罩蓋油切與水切。可以在擦口下刀，也可以沿著絡裂下刀，也有人沿著松花下刀。第一刀就見色的通常就會見好就收，轉手賺一筆。如果第一刀沒見色，還可以切第二刀、第三刀，直到找到色為止。有種無色也不錯，最怕無色且無種，差不多就是磚頭料，以賠本收場。

▲ 滿桌子有擦口的賭石等待顧客仔細挑選

▲ 無色，算賭輸

▲ 沿著裂紋切開，顏色延伸進去，算賭贏

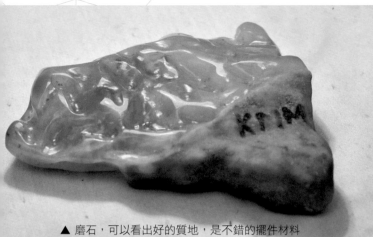

▲ 磨石，可以看出好的質地，是不錯的擺件材料

▲ 這塊賭石，種、水、色好，價格高

▲ 這塊賭石，可以賭出一個人的自信與判斷力

▲ 磨光玉皮，賭的風險可以降低一半

▲ 磨光玉皮，可以看見賭石內部的質地與顏色

▲ 仔細端詳整塊玉料，看裂紋走向與顏色分布

磨石

　　磨石就是將原石外皮拋光，把透明度表現出來，可以看到內部的色好、水頭好。有時候用水澆在外表觀察，也有相同效果。磨石基本上沒什麼賭性，價差在行家眼裡相差在 3 成以內，適合比較保守的人來買。

賭石的輸贏

1. 賭色

　　表面有色，切出來沒色就輸了。色偏或色淺也是輸。顏色以翠綠且正，不能偏藍或偏黃。色偏暗也算輸。要是色翠綠、滿色且陽，那就要謝天謝地了。

2. 賭種

　　賭種就是賭場口，各個場口的原石都不一樣，看錯了就全輸了。帕敢、南奇、後江的場口常出現高綠翡翠。黑癬吃綠算輸。松花不滲進去算輸。新種當老種看算輸。賭種要老經驗，全憑本事，一旦賭對就賺好幾倍。

3. 賭底

　　底髒、底亂、底粗、底乾、底黑、底鬆、底磁都是輸。

4. 賭霧

　　霧就是賭白霧與黃霧，紅霧、黑霧算輸。霧要薄且越透越好。霧粗、霧乾都輸。

5. 賭裂

　　大裂如果可以閃開算小輸。小裂紋占面積太大算全輸。交叉裂紋算輸，賭裂真的是要看運氣。

▼ 賭顏色，這個就輸了

有人說中國人是賭性堅強的民族，從賭鬥蟋蟀、鬥雞、賽狗、賽馬到賭天上飛的賽鴿。逢年過節在家打麻將小賭，出國旅遊到美國拉斯維加斯、澳門、香港豪賭，連奧運拿幾面金牌也可以賭。俗話說的好：「十賭九輸。」賭贏一次就會繼續賭，賭輸了就會想下一次一定會贏回來。賭到最後房子、土地、妻兒都沒了。愛賭的人是賭自信和對原石的判斷力，有的人是尋求刺激，有人是展現財力，有人是上癮了無法戒除。常聽說有人賭贏了家財萬貫，買別墅買車，但有更多人流落街頭，無家可歸，妻離子散。其實買切開的明料，十拿九穩，留得青山在，不怕沒柴燒，可做出多少成品，賣出多少錢、利潤有多少，相差不會甚遠，這樣的生意才會長久，睡得也比較安心。

▲ 切石前後對照，體積大，價錢高，賭起來心驚膽跳

◀ 切了三刀，算賭色賭輸了

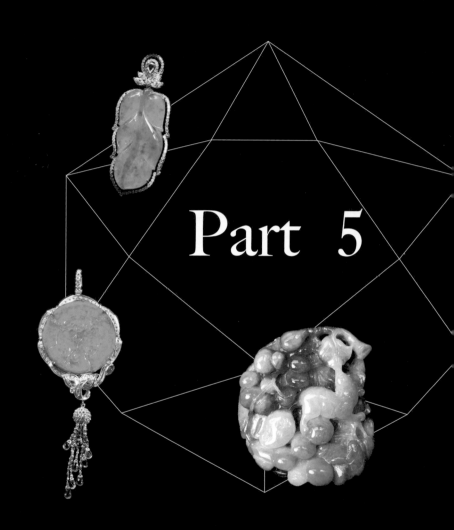

Part 5

1

翡翠買賣的經營方式

 ## 翡翠買賣行規

所謂家有家規,翡翠這一行也有行規。這行規雖是不成文規定,但只要是業內的人都會遵守。那萬一不遵守呢?可能就會被商家列為黑名單或是拒絕往來戶。翡翠這圈子說小不小,說大也不大。只要你常在這圈子走動,提到誰的名字,打聽一下都會知道:某某人開店在哪裡,就是打扮很時髦那個,頭髮長長的,燙個大波浪鬃,滿身名牌,每次來光問也不還價,老是說我東西貴,哪有買翡翠「對莊」(所謂「對莊」就是這貨不管顏色與雕工或造型你都喜歡,是你想找的貨)不還價的啊?臺灣來的年輕小伙子,就是理個小平頭那個,每次來都是快要休息的時候,挑好 2 只飄藍花鐲子,沒給訂金,要我幫她保留,等了一個多月也沒來拿,連一通電話也沒有。上次上海城隍廟那位李小姐,要我幫她拿貨,貨拿來一個多月了,也不來看。諸如此類的事情,天天在各地賣場上演。

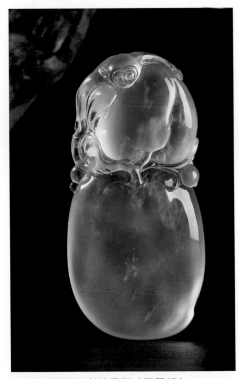

▲ 玻璃種猴子獻桃吊墜(翠靈軒)

▌ A. 幾個人看上同一批（組）貨，只要有人先出價，就不能插進來加價

　　一群好友去買貨，同時看見一手手鐲或小蛋面，同一手手鐲顏色分布與質地透明度都略有差異，單價不會一樣，整手拿會比較便宜，可是難免幾只會有石紋與裂隙（通常只要賣出一兩只品相好的，其他幾只手鐲都算是多賺的）。其中只要有人開始問價並還價後，這時其他人就不能開口加價，這是同行最忌諱的事。要等到對方不加價，放棄了，如果自己有意願，再去談價錢。看貨搶貨最令同行厭惡，沒人會跟你做朋友，也沒人會跟你一起看貨，更不會有人提供小道消息，甚至有機會時會設陷阱讓你跳下去。

▲　玻璃種金枝玉葉，工、體、形俱佳（翠靈軒）

▌ B. 一群人在挑貨時，不要當場殺價

　　一群陌生的人同時一起挑貨，若看中其中一枚戒指或一只手鐲，不要當場殺價，要等到人群離去，你再跟老闆討價還價。行內人問價錢，老闆通常會拿計算機打價錢給你看，如果你真的有「對莊」（所謂「對莊」就是這貨不管顏色與雕工或造型你都喜歡，是你想找的貨），再來才談價錢。因為要是你殺很低，老闆也賣給你了，其他人也會跟進狠狠殺價，所以絕對不要在一群人面前直接跟老闆殺價。

▌ C. 不要每種翡翠都問價錢，問了價錢最好能還價

　　每個老闆都不喜歡只問價錢卻不還價的客人，因為不還價錢，就永遠不知道真正的行情，這種客人只是來湊熱鬧的，不是真的來買貨的。翡翠買賣市場上，通常開價都很高，往往開價2、30萬，成交價卻是3、5萬，也很少看到直接把價錢標出來的。除非你是熟客，老闆才會開比較接近的行情價給你，不然生面孔上門總是會開價很高，來測試你對貨品價

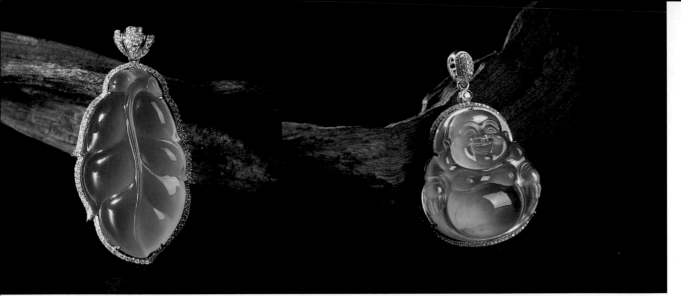

▲ 綠葉鑽墜，水頭好，質地佳（翠靈軒）　　　　　▲ 玻璃種佛公、雕工比例與對稱均佳（翠靈軒）

錢的熟悉程度。還價可以還很低，再慢慢拉高，景氣好時可能很難殺到很低的價錢，景氣不好時，議價空間就很大。不是還價老闆就一定賣，通常老闆會設定某個利潤點才放手。當然，缺錢吃飯或缺錢補貨的時候，價錢就好商量。

D. 初次買貨，就算貴一點，也要買一件成交。

第一次到陌生的市場或攤位、店家，如果裡面的貨有對莊，就算是比以往買的貴一些，總是留下好印象，下次來就算是老客戶了，自然老遠看到就會打招呼，甚至拿出壓箱寶給你看，就可能會挑到好東西。做生意，買賣雙方都要賺錢，品質好的東西，價錢相差幾百萬、幾千萬都有可能，況且每一個月的進價也不同，不能老拿過去買多少來相比。所以，如果覺得老闆講話投機，值得交個朋友，想順便得到一些小道消息，第一次上門再怎麼也得成交一件。

E. 忌委託店家找貨，到時候又不拿

很多時候我們會請店家幫忙找手鐲或蛋面，店家會跟朋友打聽或是自己去產地進貨。如果不是很熟悉，而且知道自己要哪些品種，不要委託店家去找。因為跟朋友調貨，通常

價錢會再高一點，如果是買斷源頭的貨，價錢就可以便宜一點。委託買貨時盡可能告知顏色、手圍尺寸、種地、寬度，價位在多少以內等等。如果很急，就說已經有客戶要了；如果不急，就請老闆去補貨時順便帶，說自己看喜歡就挑，不要太刻意買。要是沒講清楚，店家刻意幫你買斷了貨，結果你看了才說不要了，不然就說款式不對、顏色不對，就容易發生糾紛。最令店家恨得牙癢癢的就是：約好時間，卻遲遲不來看貨。如果想當個好客戶，請店家幫忙找貨時就先給訂金，或者一半訂金，以增加自己的信譽。翡翠生意的圈子很小，好的事情傳千里，不好的事情可以傳萬里。信譽是比金錢甚至生命還重要的事。

▌F. 還價了就要買

　　當業主或店家開價之後，你也殺了價，最後談妥交易價格，通常雙方會握手表示買賣成立。不管在付錢之前或付錢之後，你又納悶老闆怎麼那麼大方，或是旁邊朋友說你買貴了。此時有些買家會當場反悔說不買了，或是還要再殺價。這都是意志不堅的表現，容易因他人的言論而改變主意。在這圈子裡，如果常常這樣出爾反爾，就會傳遍整個賣場，以後想在這裡混就難了。

▌G. 買了以後退貨或換貨要謹慎

　　買翡翠需要眼力與膽識，經常是花錢買經驗，很多時候買貨會看走眼，不同燈光與時間下看翡翠顏色會有深淺或色調差異，這是常有的事，連自稱專家的也不能例外。除非是買到 B 貨或是染色的 C 貨，可以要求對方退貨或換貨，否則不能以顏色不對、雕工或款式不合來搪塞，要求退貨。有一種情況例外，就是有瑕疵裂紋，買了之後，當場檢查出手鐲有天然裂紋或人為裂紋，因為燈光不佳或因為自己老花近視等原因沒仔細看清楚，通常店家都心知肚明自己的手鐲狀況，會退款或換貨給你。切記，如果已經離開賣場，甚至隔天才發現手鐲有人為裂隙，這時候想要再換貨退款，就有理說不清了。如果只是幾百元的便

宜貨,通常老闆會無所謂的換給你,但如果是幾萬或是幾十萬的手鐲,這就很難說清楚是誰造成的。在選購時一定要仔細觀察,不可大意馬虎。

H. 最忌諱買貨不付款或拖欠尾款

在成交幾次以後,變成好友了,偶爾會說身邊剛好錢沒帶夠,下個月再匯款過來。基於之前好幾次的交易,也有了一定的熟悉與認識,店家就會爽快答應。臺灣做珠寶生意的前輩有一句話:「生意做得越大,也就越容易被倒。如果沒被倒過(收到空頭支票,無法兌現),就是自己生意做太小。」做珠寶生意,小則幾千幾萬被倒,多則幾十萬幾百萬,甚至上千萬被倒。有的是故意倒的,而且倒之前先大量進貨,跟好幾家廠商進貨,然後就說貨被搶被偷或是他也被人倒了,手邊沒錢,不然你看要怎樣。筆者身邊做生意的朋友幾乎每一個都被倒過。可當你有了這種不良紀錄,很容易傳遍整個圈內,信用完蛋的時候,沒人願意借你貨,更不會跟你打交道。惡性循環之下,只能不斷地改名換姓,搬家換招牌,最後消失在這圈子裡。

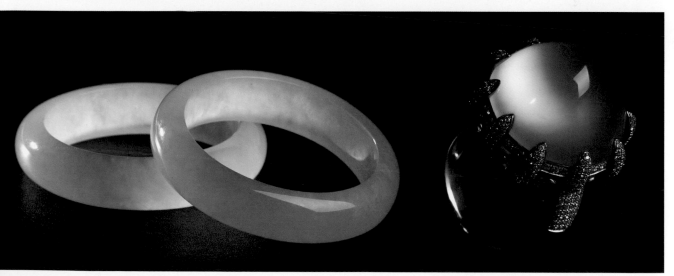

▲ 冰種花青扁鐲一對(翠靈軒)　　　　　　▲ 玻璃種白翡鑽戒,凸顯優雅氣質(翠靈軒)

如何開一家買賣翡翠的店

開任何店都要有決心，且得到家人或朋友支持，不管是經濟或是精神上支持。很多人都想開店，但是老猶豫不決，因此開不成店。開店一事很慎重，不能兒戲，可以分成好幾個階段，是年輕時的創業，還是中年轉行，或是老年退休後再創第二春，都各有不同。

20 ～ 35 歲

很多人 20 來歲就創業了，令人佩服。在中國大陸這種例子太多了，不勝枚舉，在深圳、廣州或揭陽等地甚至有 10 幾歲就當老闆的。如果是在臺灣，很多人才剛大學畢業，要寄履歷表求職。當然有些人可能是「靠爸族」，也可能是籌措一些資金跟同學合夥。在珠寶店或是翡翠店上過幾年班，去廣州、平洲、四會、揭陽進過貨，累積了銷售的經驗與人脈後就出來打拚。這些人的優點是大多單身未婚，可以到處跑，沒有家累，戰鬥力超強，體力好，熬夜坐車開車都沒問題，看貨時眼力也好，每個禮拜跑平洲、四會、揭陽也沒事，到瑞麗、騰衝看毛料也是說走就走，膽子大，敢賭敢冒險。他們通常都希望自己早日成為大老闆，所以做事很積極，也很會鑽門縫，往往玩大一點，想一夜致富，在一次的賭石成功後，就會樂此不疲，不到 2 ～ 3 年光景，自己就開店當老闆了。

35 ～ 50 歲

這年紀的人有一定的工作經驗與人生經歷，也掌握了一些人脈，累積了一些資金。或許是人生第二春，改行投入翡翠行業。做珠寶翡翠生意就是這年紀的人最適合，不論是體力與經驗都豐富。這樣的人有許多是社會菁英，平常都精通投資理財，也有一些閒錢來買翡翠犒賞自己與投資。或許因為想轉行，喜歡翡翠，自己也收藏一些，平常就是愛買一族，朋友介紹就買。親友很多都是公司老總或經理以上主管，也認識一些土財主。但開店不是每天把店門打開，客戶就會自己走進來，因此得勤交際，飯局多是不可免的。

50 ～ 65 歲

　　這年紀的人有些已經退休，也有些是中年轉業。拿到退休金，又不想待在家裡沒事做，太早含飴弄孫，就想再給自己一次創業的機會。經歷過大風大浪，看過人生百態，這時的想法比較保守，因為不能連退休老本也沒了，做起生意就是穩紮穩打，不做太冒險的事，怕心臟受不了。有時也是替下一代著想，先開著店累積人脈，未雨綢繆，讓小孩大學畢業後可以看店。有些人是怕無聊而開店，認識一些愛翡翠的朋友，大家閒來無事就約在店裡泡茶聊天，看看貨，聊聊當年英勇事蹟，聊聊誰家小孩上臺大，誰家小孩去美國留學，誰的小孩生了個孫子，日子過得挺悠閒的。買翡翠很多都是套交情，朋友覺得你開了店肯定比他懂，不管買給自己的孫子戴，還是要送禮，當然要找熟人才可靠。尤其是翡翠這種高單價的寶石，跟不熟的人買多危險啊，很容易就被騙了，因此這年紀創業的老闆有其一定的優勢。

▲ 滿綠翡翠鑽戒，種、水、色俱佳（大曜珠寶）

 ## 如何開價買翡翠

　　面對心儀的人，如果不表達，有一天就會被人追走；看到喜歡的翡翠，偷偷在店外看，每天回去做夢也在想，就是沒勇氣詢問價錢，這樣是不行的。這時你就應該行動，問問老闆：這個翡翠要賣多少呢？通常老闆有 2 種回應，一種是直接告訴你多少錢，一種是問你：你有多少預算呢？如果他告訴你價錢後，你千萬別被嚇到，就說謝謝再聯絡。因為翡翠買賣要經過一番的討價還價，也就是得殺

價才能買到。你一定會問：該砍多少才好？這真的沒個準，7成、5成、3成、1成都有。一下就賣給你，你可能還認為買貴了。老闆開價高是很正常的，除非你是老客戶，才會開出接近賣價。比方你看到一只喜歡的手鐲，老闆開價10萬，你先不要嚇到，這是在測試你對翡翠價錢的了解程度（懂不懂行）。你可以說我只有1.5萬元的預算。這時候他要真的不能賣，就會跟你說差很遠。如果他請你再加一點，就代表有希望，可能再加個3～5,000或1萬就會賣你了。他也有可能會對你說：昨天有客人出6萬我都沒賣。這說法你聽聽就好，因為有可能是他瞎編的，也有可能確有其事。不妨依照自己的預算，請老闆拿出相當價值的翡翠讓你挑。

買貨時不要讓老闆一眼就看出你非常喜歡，非買不可。買賣是一種學問，是一種心理戰術，在還沒成交前，都無從知道底價。

▌第一招、哀兵法

「老闆，我最近手頭很緊，小孩要繳學費，房子要繳貸款，連老公都跑路了，手機費欠3個月了，所以能不能請你降價再降價？」這是最常用的一招：哭窮。有時候還挺管用的，老闆有時心一軟就賣給你了。有時候這戒指老闆開價1萬，想殺到3,000，就說：「口袋裡只剩3,000，晚點連坐車回去的錢也沒有了，就連吃飯錢也是先跟朋友借的。所以這戒指就賣給我吧？」如果是跟朋友一起去，可以在老闆面前跟朋友借錢：「我是借錢來買的，身上一毛錢都沒了。」若想用這一招殺價，千萬別全身穿名牌衣，戴勞力士，要我是老闆也不會便宜賣給你。

▲ 玻璃種滿綠鑽飾葉子吊墜（大曜珠寶）

第二招、套交情

就是找熟人拉關係。「老闆,我是你的老師阿湯哥介紹來的,他說你的貨都很棒,也很實在,能不能價錢再算低一點呢?」連老師都搬出來了。「老師最近好吧?聽說去中國大陸做生意,出了幾本書。你是湯老師的學生,我們算是學姐學妹,當然要算便宜點。好吧便宜賣給你了。」或是在異地遇到臺灣客商,出門在外最想念的就是家鄉口音,一回憶起以前在故鄉的事情,不算便宜都不可能,自動減價 3 成。

第三招、阿諛奉承

大家都喜歡讚美的話,就算一聽就知道是假的,也甘之如飴。「老闆,好久不見了,你皮膚越來越白囉,臉上一點皺紋都沒有。」「大波浪鬍最時髦了,背面看起來就像 20 幾歲的妹妹。」「最近看起來瘦很多喔,身材越來越苗條了,看起來只有 23 腰。」通常這樣灌迷湯之後,已經把距離拉近,做生意最忌諱一見面就問價錢,拉近距離後,價錢才好商量。

第四招、挑毛病

「老闆你看看,這手鐲上面是不是有裂紋?我買回去自己戴的,不是做生意,有瑕疵就算便宜點。」「這一手圈口超小的,買回去是要賣給小朋友啊?我看你放很久了,便宜一點賣,我就整手拿。」「這一手 10 只手鐲要種沒種,要色沒色,還有小裂,我要過年回家送親戚當禮物,一

▲ 高貴優雅的翡翠套鍊,晶瑩剔透、色澤飽滿(大曜珠寶)

只500賣不賣？」有些時候老闆沒注意，被你這樣一說，感到非常不好意思，當作掃貨底，就算不賺或小賠也賣給你了。

▌第五招、選對時間點

有2個時間點可以撿到便宜：不是一大早開市，就是要收攤的時候。商家都相信開門後第一個顧客就成交，今天生意會源源不斷，是個好兆頭。如果是傍晚要收攤了，今天一整天都沒有成交，這時候去談價錢，店家不想整天損龜，就會比較有機會。

▌第六招、帥男美女攻勢

大家都喜歡帥哥美女，自古以來，這道理都行得通。男生會因為老闆娘長得漂亮而去光顧，甚至買的價錢比別家貴都無所謂。帥哥去大姐姐那邊買貨，如果嘴巴甜一點，不止會買一送一，買大送小，連晚餐都會請你吃也說不定。如果留了連絡電話，搞不好還會三不五時打來問你哪時候要來看貨喝咖啡呢！把握住自己的優勢，做好人際關係，不用你開口老闆就主動一降再降，打折打到腿骨折，這招真的挺管用的。

▌第七招、一回生二回熟

如果看到一家店有你想要的貨，三不五時跑去哈啦兩句，交換名片，說自己在哪個地方開業有多大。找機會成交一項，所謂見面三分情，下次來就是老主顧。有了成交一次的經驗，下次議價空間就更大了。如果可以，也可以帶點名產禮物來送他，把店家當朋友，下次好貨進來，就會先通知你來挑，這可是好機會，因為被挑剩下的，通常都是質地或顏色差一點的。因此要記住老闆何時補貨回來，一定要第一個先看貨，才能買到質地好、顏色佳的翡翠。

第八招、找熟人代為講價

看到一件高檔翡翠，價錢談好幾次也談不來，這時候可以打聽誰認識他，找人居中協調。這些朋友可能是同行，常在一起吃飯喝酒，酒足飯飽後，通常對價錢也不會太堅持，說不定不小心就講出進價是多少錢，在軟硬兼施下，就可以買到最便宜的價錢。不過找人去講，按行規得包個紅包給中間人，有人收，有人不收，端看你跟他之間的交情。

第九招、找人砍價

要賣掉一件高檔貨品不容易，常常半年·年，甚至更久都有可能。如果你看中意了，也殺過幾次價都沒成功，那就用這招試試看。找三五組人馬分不同時間去看貨，每次出的價錢都比你低很多，唯獨你山的價錢最高，如果老闆不耐煩了，就會把貨賣給你。

第十招、聲東擊西

這一招不能常用，不然就會變「奧客」（很機車，亂砍價，問了價不買等）。通常喜歡 1、2 件東西時，可以挑出其他 5、6 件商品，老闆這時一定會很開心，這時可以要求一件一件降價，5、6 件加起來再去掉尾數零頭，或者說買這麼多再殺個 8、9 折，等要付款時，才說手邊只剩多少錢，不如先拿這 2 件你自己喜歡的，其餘的下個月底再過來拿。老闆有時會捉大放小，大件貨利潤多，小件的就加減賣，因此就有可能買到那 2 個小件而且很便宜。不過這招若常用，茶餘飯後在商場上傳開，就會被列入黑名單，這時候出價再高，也沒人想理你，因此要特別注意。

第十一招、以退為進

買賣雙方都是想取得最好的利潤，這可想而知，如果自己有很好的出貨管道，又沒太

多時間挑貨找貨，通常都會找中間人幫你穿針引線，甚至出的價錢比別人高。這時候並不是想能殺多低，而是想我該怎樣買到客戶預訂的貨。有實力的買家一到某地區的店家買貨，下飛機馬上被接待吃飯喝酒，隔天一早排好隊整屋子等你過目挑選，這時候你就是全村最受歡迎的人，最好的貨都會拿給你看。好貨想買便宜，只能靠運氣，出稍微高一點的價錢買，不怕脫不了手，過一段時間自然會漲上來。做這一行得靠實力，口袋有多深，才能講多少話。

翡翠買賣的商家形式

翡翠買賣是一條不歸路，很多人投入後就很難改行了。有人 3 年不開張，開張吃 3 年。平常看店也沒多少事幹，一早來打掃清潔後，年長者看看報紙，年輕人聽聽歌玩玩手機上上網，一下子就吃中餐了。下午有客人就跟客人聊聊天、泡泡茶，沒客人就把上午的報紙再看一遍，年輕點的就是上上網拍、看看電影，很快一天就過了。假日人潮多，手忙腳亂，一下要看這個，一下要拿那個，挑完貨還得殺價。一天下來成交幾件，晚上笑呵呵慶功去。

沒人生下來就懂翡翠，通常都是夫妻、姐妹、父子、兄弟、叔姪、朋友、同學檔。一個教一個，從小看到大，不會也得會。平常沒事看看書，上上網查查知識也行，再不懂，問問隔壁開店較久的王伯伯、李叔叔，現在的客人越來越懂翡翠，有時候講錯了還會被糾正，不能亂說話。開店是件苦差事，怎麼說？因為一年到頭都得營業，很多

▲ 玻璃種水滴形翡翠鑽戒（吉品珠寶）

▲ 翡翠蛋面盤鑽戒指，永不退流行（吉品珠寶）

地方更是天天得開業，如果有 2 個人看店還可以輪流，一個人的話就比較麻煩。開店更得天天開，準時開，不能看心情開，這一點臺灣與中國大陸不大一樣，臺灣有些小店可以掛個牌子寫著：老闆出國買貨，公休幾天。以下介紹一下翡翠商家常見的形式。

珠寶城與古玩城

珠寶城與古玩城的形式有點相似。珠寶城內多半會以販賣翡翠、鑽石為主，白玉為輔，加上少數的彩寶、珊瑚、珍珠、壽山石、琥珀、水晶、綠松石等。古玩城主要以翡翠、白玉、壽山石（雞血、田黃、青田、凍石）為主，其他還有岫玉、獨山玉、青田石、戈壁石、瓷器、木雕、沉香、珊瑚、字畫、油畫、唐卡、佛像、古玉、紫砂茶壺與茶葉、鐵壺、錢幣、郵票、彩寶、琥珀、天珠、水晶、綠松石、黃龍玉、南紅瑪瑙、核桃等，品項比較雜。

每一個攤位月租看面積大小計價，各地因地段不同、樓層不同、位置不同，價位也不一樣，通常月租基本單位費用在 3 萬～ 10 萬臺幣不等，不含電費與稅金。又有老珠寶城與新珠寶城之分。老珠寶城都位在市中心，開業 10 年以上，交通便利，方便停車或有公車、地鐵可到達。假日人潮多，門一開，就自然有人上門看貨詢價。新珠寶城知名度較小，連計程車司機開到了門口都還不知道在哪裡。假日客人稀疏，需要長時間培養經營，要有 1 ～ 3 年長期抗戰的打算。通常選擇新珠寶城都是貪租金便宜，但相對的購買力與陌生來客就只有老珠寶城的五分之一～三分之一。新珠寶城適合已經有一兩家連鎖店的店家，或是自己有穩定忠誠的老客戶，不管你搬到哪裡都會跟著你走。不時可看到有店家貼轉讓海報，通常轉讓金在 20 萬～ 100 萬，可以議價。

百貨公司

　　百貨公司的珠寶專櫃算是一級戰區,租金最高,通常得聘請員工輪班看店,人事成本也最高。租金的算法,要看百貨品牌的大小與業績好不好而定。通常業績好的店家大概抽3～4成。如果業績不好,百貨公司抽成少,很有可能會要求你撤櫃。名氣小、業績少的店家,通常就是依固定租金收費。一般來說,百貨公司逛街人潮最多,珠寶店通常位置在最靠大門的地方,因此租金也最貴。百貨公司適合做黃金、鑽石、翡翠與彩寶。通常消費者對品牌的忠誠度較高,認定百貨公司就是品質保證,至少可靠一點,不會買到假貨。要在百貨公司設專櫃,自己本身要有相當知名度或者是加盟品牌。其次是要有好的管理制度、專業形象、禮儀與專業營銷訓練。每逢週年慶或換季打折拍賣,總是會有一堆人擠破頭搶贈品刷爆卡,在這裡消費大多數都是要刷卡累積購物點數,所以刷起卡來毫不手軟,珠寶業者通常都樂意接受。消費人潮多,但要小心扒手趁人多時下手,偷走或掉包鑽石、翡翠。

市集

　　像廣州華林玉市、瑞麗姐告玉市、平洲、四會、揭陽陽美村、臺北建國與光華玉市、香港甘肅街玉市、北京潘家園,攤位集中管理,消費者很多都是慕名前去,當然也有業者去補貨調貨。有些是天天都開,有些是假日才有。玉市裡面高手雲集,攤位有固定制或是每年抽籤換一次,也有臨時攤位。擺攤位常常就是一小桌,長 1.5 公尺,寬 1 公尺左右。每個月的租金或清潔費從 1 ～ 2,000 到上萬元不等。玉市通常都會有公會,選出會長與自治幹部,定期舉辦會員大會選舉幹部與會員聯誼及珠寶知識講座,處理消費者買賣糾紛。由於名氣大,會有來自各地的人前來補貨,不論是翡翠毛料、賭石、成品、擺件應有盡有,有的去找雕工,有的找金工、有的找拋光半成品。攤商的翡翠等級高低都有,有幾百塊到幾千塊的送禮小墜子或手鐲,也有冰種或玻璃種上好幾百萬的高檔翡翠。通常攤位都非常搶手,想要知道有無空位,需要靠運氣或是有朋友在裡面擺攤。市集是大家尋寶的地方,

常常是摩肩接踵，轉手的權利金也不便宜，在臺灣的玉市有人喊到 300 萬臺幣。

▲ 海星造型鑲鑽耳環，生動有趣、獨一無二（三和金馬）

高級會所

　　會所顧名思義就是私人俱樂部，有的是有固定時間聚會的地點，有的是隨時開放給會員聚會的地點。每一個參加的朋友都必須是會員或有邀請函。一般成員都是社會菁英：醫生、律師、土地開發商、企業老總、銀行經理、教授、藝術家、分析師、名模等。開的是高級紅酒，有精緻茶具及茶點、古典音樂、豪華家具裝飾，前來聚會就像參加盛裝派對，賣的東西就不一定限於翡翠，舉凡有價值可收藏的東西都是標的物：彩鑽、白玉、珍珠、彩寶、鑽錶、梨花木家具、紫檀、紅酒、雪茄等都有。因此主人或股東必須要有廣闊的人脈與高明的交際手腕，好客是一定要的。這裡的產品必須高級，作工精美，豪華大器。珠寶要頂級與大顆，翡翠顏色翠綠飽滿，珍珠要珠圓玉潤，彩鑽都是 fancy intense 或 vivid，紅藍寶石都要是無燒的產品。

工作室

　　工作室主要販賣自己編織或者設計的翡翠與珠寶產品。開店方式比較彈性，有事情就可以離開，隨時可以邀請朋友來坐坐。工作室可以是自己的住家，也可以在外租屋，面積不需要太大，一房到兩房都可以，每個月主要開銷就是房租、水電與網路，自己一個人或請一個助理。工作室可以布置得很溫馨，有自己風格，一進去就讓客人感覺你很有藝術家的品味。作品可以不用多，也可以很小巧玲瓏，強調純手工打造，獨一無二，還有靠自己專業的能力收集而來。因為來的都是熟人，咖啡與茶點不可缺少，動人的音樂與燈光效果缺一不可。適合單身女性或是職業媽媽經營，沒客人的時候也可以兼做網拍。來的客人大

多是白領階級，各自在不同領域工作，偏好美食與寵物，男性朋友愛品茗、談股票與房地產投資，女生喝咖啡、聊女明星八卦，看到主人身上戴的翡翠與珠寶好看，便一件一件扒光，當作自己的最佳戰利品。

電視購物臺

　　這是近年來最常見且銷量最大的經營模式，從業者需要對購物臺生態有一定了解。不管是在臺灣還是中國大陸，電視購物賣珠寶翡翠都曾創造 1 小時上千萬的佳績。電視購物常見的翡翠產品有：貔貅、觀音、彌勒佛、平安扣、豆莢、生肖玉、手鐲等。購物臺的產品屬於中低檔產品，追求銷量，有退換貨機制，價位在 5000 ～ 1.5 萬元左右最容易銷售。通常這些價位，消費者也不會考慮太多，如果是要送禮，也不用出門挑貨，而且不滿意 7 天內還可以無條件退換貨。裡面有包裝盒與鑑定書，讓消費者省去自行鑑定的麻煩。手鐲通常是銷量最大，也是最大宗的產品。在購物臺販售翡翠產品，由於量大，每個月有好幾檔，有些要 3 ～ 6 個月才能收到貨款，因此要注意自己的資金流是否可以應付。很多翡翠產品都是利用中國結或者結藝來設計，不需要用到 K 金與金工，可以省下許多費用，降低單價成本。另外購物臺最喜歡利用買一送一的手法，讓消費者感到非常划算，性價比很高，毫不猶豫就刷卡。

網路銷售

　　網路上銷售翡翠珠寶是最近 10 年的趨勢，中國網路銷售市場一年以千億人民幣的業績前進。網路銷售可分成網路拍賣（淘寶）與電子商務網店。會上網購物的年齡層大多在 20 ～ 50 歲左右，年紀輕的大多是找自己佩戴的飾品或是送長輩的禮物，金額當然不高。通常以幾百元到 1 萬

▲　黃翡葫蘆復古流蘇鑲鑽耳環，喜氣洋洋（三和金馬）

▲　紅翡雙葫蘆鑽戒，質地如此剔透，相當罕見（三和金馬）

元左右的產品最好銷售。對消費者而言，網路購物要注意對方信用評價，跟對方溝通是否服務態度和善，是否在 7 ～ 10 天內可以退換貨。切勿貪小便宜，以為很綠的翡翠能夠用幾千元就能買到。只要是染色的翡翠 C 貨，通常只有 500 ～ 1,000 元左右的價錢。由於看不到真實的產品，往往收到後會與心裡想的有些小誤差，最主要是顏色的差異。這差異來自不同相機、光源、背景、修圖、螢幕顯示器、拍攝技巧。同樣翡翠由不同人用不同相機來拍，都會有不同效果呈現。拜手機之賜，現在很多人傳照片給客戶，都是利用手機拍攝。透過電子郵件、Apps 等工具，可以快速的與客戶溝通，是 21 世紀買賣的最佳利器。在國外看貨，馬上可以傳給老闆或消費者。先決條件就是要有一部智慧型手機，再來就是要弄懂智慧型手機。

　　網路銷售講的是誠信，很多消費者第一次跟你購買後，取得信任後就會陸續購買，或者介紹朋友購買。如果有實體店鋪加上網路銷售就更好。開網店的費用比開實體店鋪來得低，適合年輕人，天天坐在電腦前，只要善於溝通，一部相機，懂得拍照原理與修圖技巧，就可以開始營運了。網路拍賣風險最低，但需要時間累積正面評價，有時還得吃點悶虧，建議剛踏入翡翠這行的朋友，不妨考慮網路拍賣與行銷，上網看看哪幾位評價上千破萬的，學習他們的拍攝技巧與貨品種類，找一些熱銷商品，種類越多，成交率就越大。

　　由於網路上需要明定價錢，競爭廠商也多，可以上網查詢參考同行的價位，畢竟網路就是透明化，薄利多銷就對了。有信譽的網路店家，通常都會隨產品附上鑑定書，以確保產品品質。

珠寶展

　　珠寶展幾乎已經成為近 5 年來兵家必爭之地。參加珠寶展的廠商，有些有開店，有些專門跑展覽。近來有將近三分之一的消費者會選擇去珠寶展購買，這是珠寶市場的一塊大餅，所以每次有珠寶展，廠商會在前 1、2 個月就摩拳擦掌，積極備貨，總而言之，就是精銳盡出。

　　在雷曼兄弟的連動債危機後，臺灣的珠寶市場簡直是哀鴻遍野，很多珠寶店銀樓乾脆收起來，把黃金賣一賣，店面租給人家，收租養老去了。年輕的珠寶商，尤其是在建國玉市的攤商，看著中國大陸經濟起飛，買氣超強，尤其是高檔翡翠行情看俏，價錢起碼都是臺灣 5 倍到 10 倍的價位，就開始紛紛打探如何進入中國大陸市場。由於在中國大陸開店需要長時間耕耘，而且要熟悉各省法令與人情，最簡單的方式就是參加各省舉辦的珠寶展，一年展個 8 到 10 次左右，總比在臺灣守株待兔來得好。

　　在珠寶世界雜誌社邱惟鐘社長及中華民國珠寶協會林嵩山理事長領軍下，臺灣珠寶界展開中國大陸各城市的珠寶展覽會。幾個比較有名氣的珠寶展紛紛在北京、上海、杭州、蘇州、昆明、成都、深圳、廈門、大連、西安等地展開。幾乎每個城市 2～3 個月就會辦一次展覽，這幾年下來，景況有好有壞，有些廠商做一場可以休息一年，有些廠商做一場連員工出差費跟場地費都不夠。

　　其中最引人注目的就是翡翠與珊瑚這 2 項產品。臺灣翡翠廠商累積了 20～30 年的實力，在翡翠最便宜的時候大量的屯貨與收藏，早年看不上眼的邊角小雕件，如今個個立大功、賺大錢。臺灣廠商除了有高色老坑的翡翠蛋面、墜子與手鐲外，精美的設計與精緻的鑲工，更引起中國大陸消費者嘖嘖稱奇與讚嘆。除此之外，透過中國結藝設計將翡翠與珊瑚或彩寶做搭配，十足的中

▲ 滿綠翡翠鑽石流蘇戒指（三和金馬）

▲ 白翡蛋面豪華鑲鑽戒指（三和金馬）

國風，搭配穿著傳統旗袍的古典美女，更有畫龍點睛與相輔相成的視覺效果。

一場展覽的開銷不少，除了基本展費（一個單位）20萬～25萬外，3～5個工作人員，食宿與機票出差開銷也不容忽視。就像賭石一樣，展出前心情的期待與忐忑，到結束的最後一刻，幾家歡樂幾家愁。每次展覽，小貨都是最好銷售的，價位在4～5,000到3萬左右。另一種就是好幾百萬到上千萬的高價翡翠，不到半小時就刷卡成交的也有。中國大陸實在有數不清的地產商與煤老闆，更有富二代與土財主，有時捧著現金來買，把點鈔機給數到熱當機的都有。

在中國人陸買氣可分淡旺季，旺季像是五一、十一大假，母親節、情人節、聖誕節、春節、人大開會時期，都是人山人海的採購珠寶禮品。淡季就是寒暑假時有錢人都出國度假或是回去坐移民監等時間。若是股票連跌半個月時，買氣特差，幾乎門可羅雀，能攤平展覽費用已經是祖上積德，上帝保佑了。這幾年幾乎能走能爬的臺商都來中國大陸發展了，剩下走不動、坐輪椅的，恐怕用抬的或推的也要過來，把這30年的臺灣成功經驗，在中國大陸各地重新複製一遍，紛紛在各省開起連鎖店，慢慢建立起自己的人脈，為珠寶事業再創第二春。

自己收藏

沒有店面，平常也有固定工作，就是利用假日到處去搜集購買翡翠。雖然一心很想開家店，但除了資金不夠外，又不想被店綁住，家人也不懂翡翠，無法幫自己看店。這樣的人適合獨來獨往，平常就是自己佩戴，當同事或朋友詢問時說是自己收藏，如果對方願意收藏，就轉手賣給他。這樣做個3～5年，同事朋友都會介紹親友來購買，客戶也會越來越多，相信有一天會有機會開店的。

2

翡翠的投資與收藏

　　翡翠收藏與投資可分短期與長期。短期大概會在 2 ～ 3 年內脫手賺錢；長期就是抱個 10 年、20 年。當然也有人留給後代傳世，成為傳家寶，那就是永遠不賣。如果後代子孫不識貨或是沒興趣收藏，想換現金做生意，就有可能拿出來拍賣。

　　翡翠投資不宜也不應躁進，用的必須是閒錢，不能影響正常生活，當然也不能向地下錢莊或親友借貸。很多人想賣掉手上的翡翠珠寶成品，往往當年花了 50 萬～ 100 萬臺幣買，請朋友估價或到當鋪、銀樓去，不是碰了一鼻子灰，就是估了一個相差甚遠、根本不想賣的跳樓價（20 萬～ 30 萬）。投資翡翠珠寶的資金不要超過你現金的三分之一，最多是四分之一～三分之一。其餘現金做生活開銷、教育費、娛樂費與雜費，以及保險、基金或股票與醫療費等。

 ## 翡翠投資的基本功夫

看貨口訣：色、質、雜、形、工、體。

顏色要：濃、正、陽、勻、俏。

濃：顏色要濃不能過深而偏暗淡，也不能太淺。

正：正綠，不偏藍或偏黃，最好的翠綠色有人稱「帝王綠」。

陽：顏色必須鮮豔，而不能暗淡。

勻：顏色均勻。

俏：指雕工顏色分布巧妙，或是多種顏色。

質：質地，越透越好。可分全透（玻璃種）、半透（冰種）、表面微透（糯種）、不透（豆種）。

雜：就是白棉絮、黑色礦物、裂隙等雜質。

形：就是切工厚薄與長寬比例。一如身材，不可歪斜不對稱或厚度不一。

工：就是雕工與拋光。雕工要細膩且有創意巧思，運用顏色巧妙並避開雜質。

體：體積大小。翡翠原石以公斤計價，成品以物件大小計價。

比較受關注的幾個投資項目

手鐲、蛋面、珠鍊、蛋面套鍊、豆莢、葫蘆、觀音、佛公。

老坑玻璃種優先。

冰種以上滿色紫羅蘭或春帶彩（紫中帶綠）。

無色玻璃種需放光（起熒）且無棉或帶飄蘭花。

紅翡、黃翡、三彩與墨翠，視個人喜愛而定，一樣要注意上述幾點（雜、形、工、體）。

身家幾億到上百億的收藏家

每件收購的金額從幾百萬到上億，花 5,000 萬到 1.2 億買老坑玻璃種的手鐲都不考慮半秒，更不會皺個眉頭。建議你多參加拍賣會（蘇富比、佳士得、中國保利等），了解國內外拍賣行情。翡翠手鐲，上千萬的有幾只收幾只，有白棉或沒有滿色都不要考慮，手鐲圈口不要太小（56 ～ 58mm，臺灣圍 17.5 ～ 18.5），以圓鐲為主，扁鐲為輔。其次是翡翠珠鍊，越大顆越好，一定要透，也不能有雜色與裂紋。一串珠子要同樣品質很不簡單，價錢甚至比鐲子還高。富貴人家嫁女兒娶媳婦，當婆婆的哪一個不是戴上一串翡翠珠鍊與手

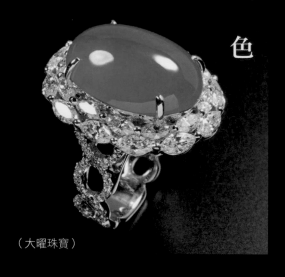

色

質

307

（大曜珠寶）

（三和金馬）

雜

形

（三和金馬）

（大曜珠寶）

工

體

（大曜珠寶）

（三和金馬）

▲ 不規則的翡翠要設計得完美相當不容易，這件翡翠鑲鑽胸針，立體的組合排列，很考驗設計師的功力（三和金馬）

鐲，來的貴賓冠蓋雲集：企業老闆、影視圈名人、大學教授、醫師、律師，展現主人家交友之廣闊與海派。其次是翡翠蛋面套鍊，大小都要比大拇指頭大，越大顆的成套越難找。現在住一棟上億的別墅也不是稀奇的事，戴一只上億的翡翠手鐲或珠鍊在身上那才叫雍容華貴。還有大師級玉雕師，有創意巧思，工法獨特，雕工細膩，若有一系列大型的玉雕創作作品擺件，得了獎或在螢光幕上曝光，就得去關注。

身家 5,000 萬到 1 億之間的收藏家

每件收購的金額從幾十萬到 4、500 萬。可能是中小企業主或電子新貴。投資要敏銳，也要有膽識，專業知識不可少，把握時機，下手要快狠準。筆者建議幾百萬到上千萬冰種帶祖母綠（50% ～ 75% 綠）的手鐲，幾百萬紫羅蘭全紫手鐲，或者冰種春帶彩（紫帶綠），玻璃種飄蘭花、全透無棉玻璃種無色手鐲都是可考慮的目標。上百萬玻璃種觀音與佛公，幾百萬的翡翠小蛋面套鍊都是不錯的選擇。同樣可以參考知名的珠寶拍賣會，也可以到知名的翡翠專賣店（昭儀、戴夢得、秋眉翡翠、七彩雲南、勐拱翡翠、健興利、富御、蔚明、米蘭、大曜、佳達、嘉寶）比較選購。

身家 1,000 萬到 5,000 萬的收藏家

每件收購的金額從幾十萬到上百萬。可以考慮三彩、冰種飄藍花、墨翠、紫羅蘭、黃翡、紅翡等手鐲、墜子、蛋面。原則上還是要優先考慮種，因為種是漲幅最大的因素。選擇墜子要注意雕工，雕工精緻，種、水好才有升值空間。著名玉雕大師作品也可以考慮收藏一些小配件或把玩件，長時間持有就會升值。大型的玉雕可以在家擺飾，但要注意是哪

些題材，是不是符合自己現在的心境，或是特別喜歡的題材，例如：福在眼前、花開富貴、三陽開泰、馬到成功、歲寒三友、觀音等。

身家 500 萬到 1,000 萬的收藏家

每件收購的金額從 10 萬到 100 萬。不管鐲子、墜子或蛋面都要選擇冰種以上。綠色深淺與均勻程度會影響價錢，寧可小也不要大而不當。不要好高騖遠，想要全綠手鐲，沒有 5,000 萬以上是買不到的。高檔翡翠的市場行情只會往上爬，很少往下掉。或許幾百萬的手鐲你看不上眼，眼下只好努力賺錢，有朝一日就能買到上千萬以上的手鐲。

身家 500 萬以下的收藏家

每件收購的金額在 5 萬～ 20 萬之間。主要是搭配穿著裝飾為主。每種翡翠都要注意不要有過多的白棉或黑蟒。能買到冰種那是最好，外型要完整，不要歪斜缺邊。買翡翠不能心急，把預算開給老闆，請他幫你介紹適合價位的產品。假日或平常沒事最好去逛逛珠寶店或玉市多認識老闆，或者找開翡翠店的朋友話話家常，拉近關係，多看看各種翡翠品種與雕工，熟了之後人家才會拿出好東西跟你分享，交換意見。

無價的收藏

有時人家會送你一些翡翠飾品，有些是染了色或是 B 貨，也有些根本不是翡翠。這些都是對方的心意，當然他不懂挑選，也不知道好壞，雖然不過是幾百塊，但這心意比花幾千幾萬買的還多。他知道你出門在外，需要保佑，需要平安，但他不能隨時在你身旁，送你一件手鐲或玉珮，就好像他跟你在一起。有同事或朋友問起，你可以很自豪的說：「是我男（女）朋友（或長輩）送的。」滿臉笑容，就算在外頭吃了多少苦，都會煙消雲散。這才是真的愛情與親情，是無法用金錢衡量的。

翡翠未來看漲還是看跌

這要看是在哪個時間點,如果是在 2011 年,9 成的人都會看漲,2012 年後,看漲與看跌的人幾乎各占一半。翡翠跌或漲,商家最知道。翡翠為何會漲,要就幾個原因分析:

1. 來源拍賣價格漲

翡翠主要產在緬甸,而最近這 3 到 5 年緬甸的公盤交易金額屢屢創下新高。根據中國雲南省國土資源廳副廳長李連舉的說法,緬甸 48 屆玉石、寶石、珍珠拍賣會在新首都奈比都(第 2 屆公盤)舉行(2011/03/10 ～ 22),不論展出數量、參加人數、單項翡翠價格、總成交量都創下歷史紀錄。展出 16,926 份,重 6,838 噸,參加投標人數多達 12,000 人。成交率高達 78%,成交金額 800 億臺幣。第一高價的標號為 16754,得標金額 33,333,333 歐元,約 16 億臺幣,重量 112.8 公斤,是一塊糯冰種春帶彩(綠帶紫)的手鐲料。2010 年 3 月只展出 1 萬餘份,成交 150 億臺幣。(2010 年 6 月玉石原料 1.2 萬多份,成交 350 億臺幣。2010 年 11 月玉石原料 9,000 多份,成交 500 億臺幣。)2010 年 3 月到 2011 年 3 月的一年時間,成交金額增長了 6 倍之多。不管懂不懂貨、是不是業界的朋友,大家都來湊熱鬧搶食這塊大餅。麵粉都漲價了,麵包哪有不漲的道理?

▲ 「花開富貴」翡翠鑽石吊墜與胸針兩用(三和金馬)

2.進口關稅漲

　　長期以來，緬甸就一直處於政局不穩定狀態，翡翠要從礦區運到雲南需要經過層層關卡（5～7個），而每個關卡都要用錢去疏通。目前原石進口到中國需要繳交33%～37%的稅金，早期翡翠商人會以礦石或建材來通關，以減少成本。這幾年翡翠價格高漲，也慢慢受到中國海關的高度重視，因此今年因繳不起高額稅金而躺在海關倉庫的等待報關領取的翡翠原石，整倉庫一堆堆的多到嚇人。很多商人盤算著，翡翠的投標價已經這麼高了，還要加上高額的關稅，且每一箱幾乎都有緬甸拍賣成交價格紀錄，無法逃漏，加上最近翡翠的景氣低迷，市場銷售不如預期，眾人遂裹足不前。

3.預期資源越來越少

　　大家都知道，天然的資源礦產經過人類無窮盡的開發，終有一天會被挖掘殆盡。瑞麗寶玉石協會副會長、瑞麗緬甸籍商會會長彭覺提到，翡翠的漲大多都是從業商人的心態所導致。不管是緬甸政府，還是經營原石到最後終端銷售的商人，大家拚命傳遞「翡翠快要挖光了，快要沒貨了」的消息。因此不管你懂不懂翡翠，一聽到這消息，便會買幾件回去收藏，心想以後有可能漲個5倍、10倍，這種心態在中國人的社會裡司空見慣，不足為奇。以前中國人炒過鹽、蒜頭、蔥、花生，現在炒翡翠、黃龍玉、南紅瑪瑙、琥珀、田黃、壽山石、雞血石、青田石、岫玉、碧玉、獨山玉、戈壁石等。

　　彭覺提到，緬甸政府若發現了新的礦區，基本上會讓它在深山裡面擱著，留給後代子孫去開挖。翡翠開採最早從英國殖民時開始，將每一個場口設為一「崗」，每一崗租賃期間為3年，緬甸獨立以後繼續沿用此制度。從2007年開始，緬甸政府劃分出319個礦區，以便收取更多的稅金，所有原石交易都需要扣稅10%（最近已經提升到30%）。1995年之前幾乎都是以人工拿鏟子一鏟一鏟的挖。現在每天都有上萬部挖石機與幾十萬人在礦區開採翡翠，用怪手一鏟一鏟的挖，卡車一車接著一車的載。山坡上成千緬甸貧民在廢料堆中

撿漏，攜老扶幼，蜂擁而至，希望有一天能夠實現「一夜致富」的夢想。

　　全世界有 98% 的翡翠產在緬甸，且集中在緬北 3,000 平方公里的範圍內，仰光市緬甸華僑東枝珠寶董事長熊豪貴說，他估計翡翠開採差不多只剩 5 年的壽命而已。中國雲南省國土資源廳副廳長李連舉指出，經過這 20 年的強挖猛採，很多場口都挖到底層（黑色層）了，最深的露天開採場已達 400 多公尺，他估計 10 年後就沒有玉石可開採了。瑞麗寶玉石協會副會長彭覺則表示，目前的開採量大概是儲藏量的 1/4，一切都在緬甸政府的控制中。綜合以上的前輩與專家評估，高檔品質的翡翠一年產量只有幾噸到幾十噸，只占全年開採量的 1% 而已，除非找到更多新礦，不然好的翡翠只會越來越稀有。

4. 投資與投機客大量湧入

　　自筆者接觸翡翠的 1990 年初到 2000 年左右，臺灣的翡翠市場的成長相當穩健，頂多漲個 3 到 5 成或是 1、2 倍，就已經非常嚇人。但隨著中國大陸經濟改革開放，企業不斷擴大，在房地產受到宏觀調控的影響下，遭受巨大的衝擊，很多游資紛紛抽身尋求更多巨大的利潤。光這幾年，平洲玉器協會會員已經從 1 萬多人增加到 3 萬多人，就可以看出想從事翡翠生意買賣的人越來越多。根據《2010 胡潤財富報告》（以人民幣計），目前中國的千萬富翁已達 87.5 萬人，億萬富翁 5.5 萬人，1,900 位十億富翁與 140 位百億富翁。中產階級人數為 1.755 億人，約有 5,000 萬個家庭屬於這一個階層。當然，這報告是幾年前的，貧富差距越來越擴大，不管千萬富翁或億萬富翁的人數，都會逐年往上攀升。根據專家分析，這幾年翡翠投資年收益可達 40%（高端翡翠收益應該不止）。自清朝以來，翡翠一直是玉中之王，是王公貴族的最愛，不管是慈禧太后還是前幾年過世享年過百的宋美齡，都是翡翠的擁護者。根據廣東揭陽陽美村黨支部書記夏奕海的說法，這些年來高檔翡翠的消費族群都是一些權貴階層，送禮文化在中國已經是一種風俗習慣。雲南珠寶協會副會長馬寶忠也提到，許多翡翠原石拍賣會上，地產商、煤老闆、大型企業主因擁有大量資金做後盾，狂轟猛炸，在「擁原石為王」的概念下，翡翠價格就像坐直升機一般，幾十幾百倍的

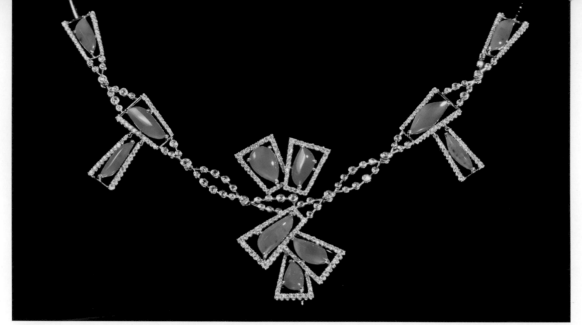

▲ 幾何造型的翡翠套鍊，別有一番風味（三和金馬）

狂漲。很多人一買到之後就馬上轉手賺取幾十萬到幾百萬的利差，短短 3 ～ 5 年時間，從幾十萬的價值炒到好幾百萬，每一個人心裡都夢想著翡翠未來還會再繼續漲。但沒有一個專家能說得準，大家只能自求多福，千萬別貸款來玩翡翠，這市場還是消費者最大，聰明的消費者自會判斷時機逢低進場，不會盲目的追高價錢。

▎5. 中國人愛面子炫富的心理

　　中國有句俗話叫「打腫臉充胖子」。不管有錢沒錢，總是不能給人家瞧不起。翻開中國近代史，從清朝被西方列強軍事瓜分，割地賠款；在體育上，被外國人笑稱「東亞病夫」。這些歷史悲情深深烙印在每一個中國人心裡。因此，要研發高科技航空器登陸太空，在國防上製造航空母艦趕上美國，奧運會上當然要拿金牌。窮了一個世紀，好不容易有錢了，必須表現表現。喝最貴的茅台、五糧液，一杯一杯的往肚子裡送。香菸呢？最高檔的中華、蘇菸、熊貓一根接著一根抽。一桌飯局，菜一定要點到吃不完打包為止。酒一定要讓對方喝到吐，送醫院掛點滴才算有面子。出門在外身穿 Armani，手戴勞力士，車開保時捷，包包得拿愛馬仕，香水必須香奈爾，戒指、項鍊來個卡地亞。面子一定要掛得住，出門才不至於被人看扁。買翡翠當然要買最好的，種、水、色一定要最好，價錢多少不是問題，戴

出去才會彰顯身分與地位，這樣當然翡翠生意就很好做。在臺灣，上門買翡翠鐲子的客人都想挑一個滿綠，種、水好的，最好還不超過 1,000 萬，但這簡直比登天還難；在中國大陸，聽到的說法是這樣：「幫我找一個老坑玻璃種圓手鐲，手圍 56 ～ 57，價錢多少都不成問題。」這就是目前兩岸珠寶生意的差異。

▌ 6. 近幾年從事翡翠店家倍數成長

翡翠為什麼這幾年會這麼火熱？因為大家一窩蜂投入這行業，認為這是一個高獲利的行業。我們經常聽到一句話：「金有價，玉無價。」但十幾年前在臺灣幾乎所有翡翠都有行情價，因為臺灣賭原石的非常少，南北不過 300 多公里，地方不大，賣翡翠的地方都集中在各地銀樓珠寶店或玉市，只要多問幾個店家就可以知道行情。相反的，中國大陸幅員遼闊，翡翠從緬甸千里迢迢運到中國來拍賣，一手換過一手，只要開個小窗口，認為有賺就脫手，從原石就換過不知幾次手，價錢也一再刷新，雲南與南方價錢不一樣，南方與北方價錢也一樣。同樣一塊翡翠，在昆明、廣州、廈門、杭州、上海、北京、青島、成都、銀川、長沙、武漢、西安等地的價差可能達 2 ～ 3 倍。中國改革開放後，大家開始有了錢，買車買房已經無法滿足心裡的慾望，但想買更高檔的東西就得發一筆橫財。賭玉比賭博好，至少不會被政府捉去關。一刀窮，一刀富，賭贏吃鮑魚魚翅，賭輸吃過橋米線。花個 1、2 萬做做夢也好，有夢最美，剖開見真章。有人領了退休金，有人領了房屋拆遷補償費，有人賣房子賺了錢，有人地被徵收了，就來做翡翠生意吧。

有人用 30 萬～ 50 萬開店，有人集資 300 萬～ 500 萬，資金多一點的就是企業花幾千萬到上億人民幣來玩。全中國各地珠寶與古玩城每年一家一家蓋，每個珠寶城從事翡翠生意的店家至少占 6、7 成，少說也上百家，這還不包含個體戶跑單幫、個人工作室、玉雕工作坊、高級會所、玉市擺攤的人。從事翡翠人口幾乎占了珠寶市場人口的 6、7 成，而且只懂翡翠，其他彩寶、鑽石、白玉就一竅不通。很多人都是邊買邊學，沒幾個真正去學校上課拿鑑定文憑的，錢也是照樣賺得笑哈哈。

由於翡翠沒有定價，就是買賣雙方議價，各憑本事，賣一塊翡翠，有人賺幾百幾千，也有人賺幾萬幾十萬。高檔翡翠的獲利更是幾十萬到好幾百萬。賺了就馬上再補貨，貨越買越多，大家深怕以後買不到好貨，且會越來越貴，只好大量屯貨搶貨。這樣惡性搶貨的結果，肥了緬甸做玉石的礦主，苦了是真正想買翡翠的消費者。景氣好的時候，真是眉開眼笑，月收入上百萬沒問題。但景氣不好的時候，店家比客人多，沒客人時就你看我我看你，不然就上上網喝喝茶，消費者真的怕了，連很多店家都認為翡翠玩過火了。

▌翡翠的春天何時再來

從事翡翠交易 30 年的摩伕老師斬釘截鐵的說：「翡翠拐點（行情轉彎）了。」從2011 年 10 月起，經濟開始下滑，中高檔翡翠（幾十萬到上百萬）有行無市，旅遊或送禮就買些幾千上萬元的低檔翡翠。越來越多店家的資金被套在貨裡，撐不住的商家就倒閉或賠本拋售。畢竟翡翠不是民生必需品，不能吃，當消費物價高漲，大家不再買翡翠，翡翠就得跌價。

翡翠跌價，也就是店家的利潤壓縮，降低了幾成，甚至不賺錢。由於經濟收入減少，人人抱著現金投資意願降低，想要賣出去就得降價求售，首當其衝的是單價在幾十萬到上百萬人民幣的產品。但是要找滿綠老坑玻璃種手鐲的人卻從來都沒少過，意味著身價幾億以上的人，買個千萬元以上的手鐲是不會心疼的。至於幾百元的低檔翡翠一直就不受影響，景氣再差也會有一堆人買。股票基金、房地產、金融業對珠寶業有指標作用，在臺灣是這樣，中國大陸、香港，甚至全世界都一樣。你若問我翡翠景氣何時能復甦，買氣何時能回升？這只有天曉得了。

▲ 花朵設計款翡翠套鍊（三和金馬）

投資翡翠去哪裡賣？

買翡翠的人幾乎都會有自用兼投資的想法，都會問：「我投資的翡翠以後能去哪裡賣？能賺錢嗎？」以 10 幾年前的臺灣為例，買了翡翠後，幾乎沒有管道回收，銀樓基本上不收其他店家賣出去的翡翠，一是不太懂貨的真假（B 貨太多），二是就算收購也不到市價的 1/3 ～ 1/4。很多人拿著翡翠想脫手，但因對翡翠的鑑賞能力不足、種不好、水頭不足、色不均、雜質多、雕工簡單或太差、鑲嵌工太差或款式老舊，或是當初購買時不懂行，價格過高，往往不是賣價太貴就是品質太差。因此，大多數的人只能找有錢的親友幫忙，在半買半相送的情況下脫手。

轉賣親友

一開始玩翡翠的人，多半是因為機緣與一時衝動，看到別人買就想跟著買，不太懂翡翠的鑑賞與行情價位，更不會看真假與有無處理，就下手買了。不過再怎麼經驗老到的人，也會有看走眼的時候，買回來的翡翠賣不掉。玩翡翠通常都是一群人，尤其是一群同事或是社團朋友，很多人剛接觸翡翠，對你的收藏有興趣，就可以趁這機會脫手。翡翠沒有二手老舊問題，如果表面沒光澤或磨損了，透過重新拋光，就跟新的一樣了。如果是翡翠 k 金戒臺變色，可以重新電鍍，一樣完好如新。賣貨給親友通常不會賣太高價錢，而親友有時是喜歡你的翡翠所以跟你買，有時候是因為你遇到困難（經商失敗或小孩出國留學缺錢）想幫你度過難關。但如果老是用有困難為由賣珠寶，只會被識破，成為親友與鄉里間的笑談。

典當行／當鋪

中國大陸各地都有典當行，可以去買翡翠，當然也可以去賣翡翠。臺灣的當鋪並不是

每一間都收翡翠，要看專業的鑑定經驗與規模。品相好的，他們當然不會錯失良機，但要是不「對莊」或檔次太低的，不是不收就是出一個相當低的價格，讓人欲哭無淚。很多人不知道爺爺奶奶留下來的傳家寶有沒有價值，甚至有些只是瑪瑙或染色手鐲，卻自始至終都以為非常珍貴，遇到家庭變故缺錢時，拿出來典當才知道一文不值。當然，典當翡翠可以在規定時間內按月繳利息，把它贖回來。如果當初買的時候眼光好，現在拿去當鋪轉現金，應該都會有不錯的價錢，因為這幾年翡翠的價格飆漲得太快了。當鋪的好處就是馬上可以拿到錢周轉，不像拍賣行需要幾個月的時間展覽，還有傭金抽成及保管、保險費用。臺北市動產質借處目前並沒有回收質借翡翠。

拍賣行

　　如果你在 10 幾 20 年前收藏了高色、種好、水頭足的好翡翠，如今的價錢可以讓你下半輩子高枕無憂了。手邊有這麼多的好貨，要怎樣才能賣到好價錢呢？當然首選就是送拍賣行。知名的拍賣公司，國外有蘇富比、佳士得，中國有保利、嘉德、榮寶齋、翰海、匡時、甄藏等。送拍的程序每一家大同小異：要先送選，通過評選後，然後再評估底價與鑑定，之後再拍照製作圖錄，在各城市預展，最後就是拍賣，整個過程大致要 3 個月至半年。不管是否拍賣出去，都會收取圖錄費用與保險費用，如果拍賣成功，也會收取拍賣價的 10% ～ 15% 抽成。如果你不急著用錢，確實可以透過拍賣行的途徑銷售，往往會比親友或珠寶店出的價錢高出許多。缺點是如果沒有賣出去，也得付出一筆保險、圖錄製作的費用，所以你應衡量自己的翡翠是否能順利拍出來做決定。

▲　翡翠套鍊，一輩子的承諾，一生的祝福（三和金馬）

珠寶店

當初在哪家珠寶店買的，回去問問店家要不要回收。若願意以現金收，而且用之前購買價的 3～5 倍收，那表示當時你的眼光不錯。如果連收都不收，表示你當初買的翡翠不怎麼樣。這 10 幾年來中高檔的翡翠漲幅基本上都有 3 到 5 倍，冰種或玻璃種品質的隨便都有 10 到 20 倍。如果自己沒有人脈，也不知道如何脫手，回去找當初購買的珠寶店會比較快。如果是熟識的珠寶店，也可以放在那邊寄賣，給對方一個底價，賣高就歸珠寶店，至於如何定價錢，可以問問玩翡翠的朋友，也可以跟珠寶店商談。如果是價錢超過好幾百萬的翡翠，可以等珠寶店找客戶來看時再帶過去，這樣自己也比較安心。

▲ 葫蘆裡不賣藥，裝的是滿滿祝福（三和金馬）

翡翠社團（網路論壇）

現在網路上有很多珠寶翡翠論壇，有收藏家，也有剛入門的新手，也有很多都是賣珠寶的店家。可以發表意見，也可以分享自己的收藏經驗，熟了之後大家可以約見面，看看各自的收藏，順便交流經驗與知識。新手可以在此學到一些選購知識與殺價技巧，也可以知道自己是不是買貴了。在這裡千萬不要怕被別人笑，成了老鳥也不要取笑剛入門的人。剛進到論壇裡，要主動打招呼，說明自己住哪裡，從事什麼工作，請前輩多多指教等。多看看別人的交談與留言，若有不懂的專有名詞要發問，看看哪位大哥最熱心回答問題。不要一下子就發文貼圖販賣自己的收藏，可以先請前輩看看自己的收藏好不好、值多少錢，過一段時間後可以透過論壇看誰想收購。論壇裡很多都是識途老馬，真假多半都看得懂，價格也很清楚，只要是好貨，相信一定會有人想收藏。只要價格談好，意氣相投，就可以握手成交。

3

翡翠的進修教育機構與鑑定機構

名稱	課程介紹	報名及聯繫地址	網站	著名教師（師資力量）
中國地質大學（武漢）珠寶學院	寶石鑑定、商貿類課程： GIC 寶石基礎課程 GIC 寶石證書課程 GIC 翡翠鑑定師課程 FGA 寶石證書課程（英國） GIC 珠寶首飾評估課程 GIC 翡翠商貿課程 首飾工藝類課程： GIC 首飾設計師（手繪）課程 GIC 電腦首飾設計師課程 GIC 首飾製作工藝師課程 GIC 寶石琢型設計及加工課程	報到地點：中國地質大學（武漢）珠寶學院學苑珠寶學校辦公室（珠寶樓 304 室）。 地址：武漢市洪山區魯磨路 388 號中國地質大學（武漢）珠寶學院 郵編：430074 電話：027-67883751 67883749 傳真：027-67883749 87482950 聯繫人：董夏、謝俊毅 E-mail：gic@cug.edu.cn	http://zbxy.cug.edu.cn/	寶石系： 尹作為、包德清、袁心強、楊明星 首飾系： 張榮紅、盧筱等
中國地質大學（北京）珠寶學院	英國 FGA 基礎課程及證書課程、寶石鑑定課程等	北京市海淀區學院路 29 號 郵編：100083， 辦公電話：82322227	http://www.cugb.edu.cn	余曉艷、白峰、李耿等
FGA 課程	珠寶首飾類培訓：翡翠鑑定與商貿課程、珠寶玉石鑑賞培訓班，首飾設計與加工製作培訓班，珠寶鑑定師資格證書（GCC）培訓班，HRD 高級鑽石分級師證書課程，和田玉的鑑賞與收藏培訓班，貴重有色寶石的鑑別和評價	許寧：電話 13810974486	www.gem-y.net www.pxzb.net	許寧

北京北大寶石鑑定中心	珠寶鑑定師（GAC）基礎班培訓礦物學、岩石學、礦床學專業碩士研究生課程進修班（礦產資源管理方向、珠寶學方向）珠寶玉石鑑定培訓班（興趣班）	北京大學新地學樓（逸夫二樓）3711 室 電話：010-62752997、13910312026 唐老師 QQ：1159422357（北大珠寶培訓） Email：pkugem@163.com	北大珠寶教育培訓網 http://www.pkugem.com/	歐陽秋眉、崔文元、王時麟、于方
同濟大學寶石學教育中心	寶石學概論、寶玉石鑑定與評價、寶玉石資源、珠寶鑑賞、中國玉石學等課程。英國寶石協會會員（FGA）資格證書班、同濟珠寶鑑定證書班、TGEC 寶玉石鑑定師資格證書	上海市閘北區中山北路727 號（靠近共和新路）博怡樓 703 電話：65982357 聯繫人：陳老師、馬老師	http://www.tjgec.net/	廖宗廷、亓利劍、周征宇等
南京大學繼續教育學院	珠寶鑑定及營銷培訓班珠寶玉石首飾高級研修班	江蘇省南京市漢口路 22 號南京大學南園教學樓二樓 郵編：210093	http://ces.nju.edu.cn/	
北京城市學院	（珠寶首飾工藝及鑑定）首飾設計	北京市海淀區北四環中路 269 號 郵編：100083	http://dep.bcu.edu.cn/xdzyxb/	蕭啟雲

 翡翠鑑定權威機構

中國國土資源部珠寶玉石首飾檢定中心

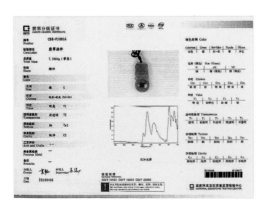

雲南省珠寶玉石品質監督檢定研究所

亞洲寶石學院（香港）

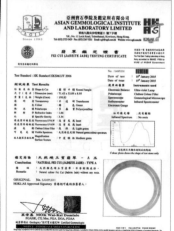

吳照明寶石教學鑑定中心

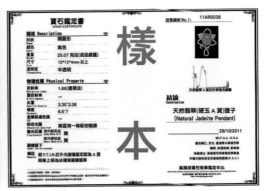

吳舜田國際寶石鑑定中心

賴泰安寶石鑑定中心

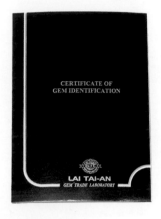

全球寶石鑑定研習中心

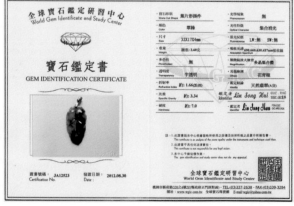

臺灣聯合珠寶玉石鑑定中心

承翰寶石鑑定研習中心

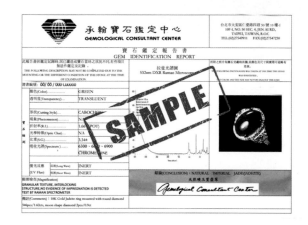

4

翡翠的實用拍攝技巧

不管是開設實體店鋪或網路商店，甚至想為自己的收藏品留下影像，你都有拍攝翡翠的需求。若你沒有專業的攝影棚、燈光與場地，該如何運用簡單的方式拍攝翡翠商品呢？有一些簡易的方式，讓你可以在現有的環境下輕鬆拍攝翡翠商品。

 拍攝前的準備工作

拍攝翡翠作品前，有許多事前的準備工作，可歸納為以下幾項：

一、準備工具：

1.相機：

本單元所呈現的照片，是以筆者目前經常使用的 2 種不同數位相機（單眼相機與傻瓜相機）拍攝，提供給大家參考。

▲ Canon 單眼相機

▲ 18-55mm 鏡頭　　▲ 100mm 微距鏡頭

▲傻瓜相機

單眼相機：品牌不拘，本書拍攝所用的單眼相機品牌型號為 Canon EOS 600D，用了 2 種不同的鏡頭，廣角鏡頭 EF-S 18-55mm 與微距鏡頭 EF 100mm，依照拍攝翡翠物件需表現的重點不同，交替使用。

翡翠作品本身若沒有細部雕工，需呈現翡翠與布景搭配時，可以廣角鏡頭呈現；小件或雕工細緻的翡翠，可以使用微距鏡頭拍攝。

傻瓜相機：品牌不拘，這裡所使用的相機品牌型號為 RICOH CX6。使用傻瓜相機，最大的優點是設定簡單、輕便，可以隨時調整拍攝的方向與角度，在拍攝一些簡單的翡翠商品時，效果也很好。以下的照片是在同光源下以不同的相機，拍攝同一件三彩翡翠的實況，提供給大家參考。

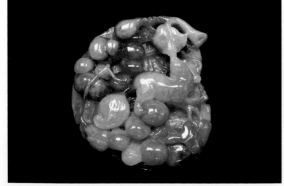

▲ Canon 拍攝三彩翡翠效果

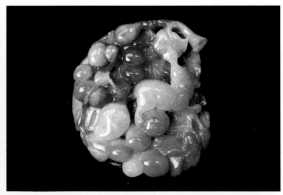

▲ RICOH 拍攝三彩翡翠效果

2. 三腳架:

　　品牌不拘,購買前可先打開試試,腳架不要過輕,才能穩定不搖晃,市面上販售的腳架常見的有 2 種:方管狀三角腳架與圓管狀三腳架。這裡使用的腳架為圓管狀三腳架。

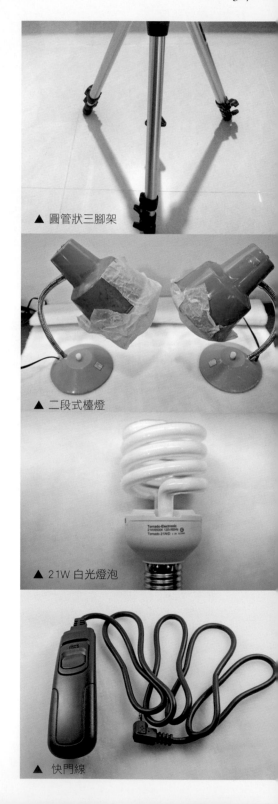

▲ 圓管狀三腳架

3. 燈光:

　　一般來說,拍攝的最佳光源非陽光莫屬,約上午 8 點～ 10 點與下午 3 點～ 5 點的陽光較為柔和。在柔和的光源下拍攝翡翠,比較容易拍攝出成功的相片 ,但因為自然光源無法控制,因此可選擇在光源穩定的室內拍攝,以 2 到 3 盞的燈光來替代。至於光源的色澤,白色光源與黃色光源皆可,這裡使用的光源為一般市售 21 瓦的白色燈泡,檯燈使用的是可調整亮度的二段式檯燈。

▲ 二段式檯燈

▲ 21W 白光燈泡

4. 快門線:

　　手按快門容易震動相機,致使所拍攝的相片模糊。利用快門線,能有效減少相機晃動,順利拍出成功的作品。

5. 布景類:

　　大致以黑、灰、白這三種色調的布景最常使用。例如:黑色與白色的鏡面珠寶臺、黑色片岩、灰色或黑色鵝卵石、

▲ 快門線

▲ 各式布景　　　　　　　　　　　　　　▲ 各項清潔用具

黑色絨布等，其他如枯木、花朵、紋路雅致的木盒亦可，舉凡你覺得合適的物品，色系與翡翠搭配起來只要不突兀，皆可拿來當成拍攝翡翠的布景。

二、清潔作品：

使用乾淨的透明薄乳膠手套工作，可避免指紋或灰塵的殘留，再選擇一塊質地細緻的擦拭布（麂皮或眼鏡布皆可）將翡翠仔細擦拭乾淨，作品中凹陷的部分也別忽略，順著溝槽仔細擦拭，再使用乾淨的軟毛刷或毛筆，輕輕將灰塵刷掉，若是飾品類的作品，金屬與翡翠之間的鑲嵌處有時會有灰塵毛屑卡住，需仔細清潔。切記，無論使用何種工具，都要小心不要刮傷物件。

三、注意商品安全：

拍攝翡翠這類高價值的物件時，為確保其安全，建議拍攝平臺離地面越低越好，或是地面上鋪設厚地毯、乳膠吸震墊之類的安全防護。

以上的事前工作準備好了，接下來就要準備開拍啦。

拍攝

▌一、校正白平衡：

光線是有顏色的，這顏色又稱色溫，以 K 為單位，中午的太陽光約 5500K，色溫的高低會影響實品所呈現的色澤，色溫高（例如：7000K）拍攝的實品色澤會比較偏藍，色溫低（例如：4000K）則拍攝的實品色澤會偏向橘黃。因此無論何種光源，這裡所提供的照片均使用到 Canon 單眼相機中「自訂白平衡」的功能來校正，以忠實呈現實品的顏色。

▲ 自訂白平衡圖示

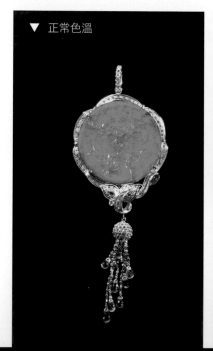

▼ 正常色溫

▼ 色溫高

▼ 色溫低

▲ 搭配布景

二、擺放布景：

拍攝時得先構思好想呈現的畫面，拍攝翡翠耳環、戒指、胸針、墜子等小物件時，可以放置珠寶鏡面臺、黑色絨布或紋路雅致的木盒做為襯底，再依照你構思的畫面增加布景；例如：枯木、花草、片岩等做為點綴，但別讓布景過於凸顯，反客為主，搶走了翡翠主體原來的風采。大件的翡翠商品，不需太多布景，簡單的黑灰白三色布為襯底，就能顯現出翡翠的美麗與大器。

三、其他輔助用具：

翡翠作品各有不同擺放與固定的方法，想要拍攝物件的立體照時，就得要用上一些小道具，例如：手鐲可以利用木座手鐲架或專業黏土固定；戒指可以用專業黏土，或是漂亮的紗質布捲成像手指般的圓桶狀後，將戒指套上；耳環可以用牢固的橫桿類物品，兩邊加以固定，將它勾在上面拍攝；墜子可以平放，也可以買半身雕像或模特兒放置其上拍攝。總之，發揮你的巧思與創意，運用手邊現有的物品，自己動手做合適的輔助工具即可。

四、打燈的方式：

以左右各一個光源為主，最多再加一盞頂燈，在實際拍攝物件時，先手持燈光，移動尋找觀察，看看燈光打在什麼

地方最能呈現物件的美，這部分只能隨物品的狀況去
調整，應使用幾盞燈光沒有一定的公式可循。

五、正式拍攝：

　　提供一般拍攝時單眼相機所使用的數值給你參考，
ISO 數值為 100 或 200，光圈 F18 至 F22 之間皆可，模
式M，當然，這數值並非一成不變，當你熟悉相機後，
就可隨著光源的變化做調整。傻瓜相機調整在「自動」
就可以了。不同角度與不同曝光多拍幾張照片，屆時
再從成功的照片中挑選。

▲ 單眼相機正式拍攝數值設定

 修圖

　　所有的拍攝工作結束後，還有一項收尾的工作，
就是修圖。有時候因為相機品牌不同，會產生色差，
修圖最主要的目的在將相片中物品的實際色澤忠實呈
現，或稍稍修掉一些不該出現在畫面的灰塵等小瑕疵。

　　修圖的軟體有很多種，該如何選擇適合自己的修
圖軟體，可以詢問朋友，或試用、比較不同的軟體，
只要覺得它提供的功能是你認為適用的，用起來順手
就行，這裡使用的修圖軟體為 Picasa3，簡單介紹在這
個軟體中常用的幾種修圖功能：

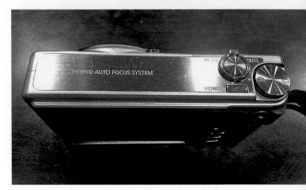

▲ 傻瓜相機設定「自動」模式即可。

這裡的圖片 為同一張相片，運用不同功能所呈現不同的變化，常用到的是重新剪裁、拉正、潤飾的功能；其餘的功能，大家不妨有空時可以試著運用看看。

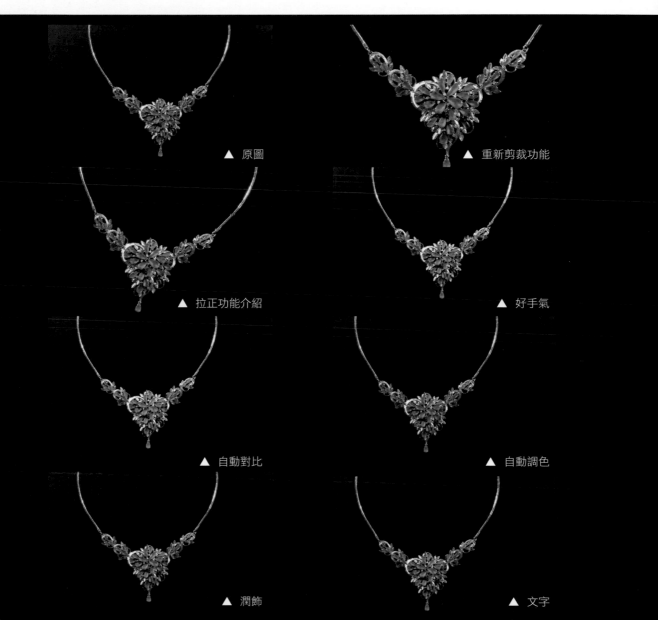

▲ 原圖

▲ 重新剪裁功能

▲ 拉正功能介紹

▲ 好手氣

▲ 自動對比

▲ 自動調色

▲ 潤飾

▲ 文字

▎一、一般常用的修正：

1. 重新剪裁：可將相片剪裁成需要的大小與格式。
2. 拉正：修正物件偏移的狀況，將物件移轉至適當的方向。
3. 好手氣：可以修正相片中光線與色彩。
4. 自動對比：修正曝光而不影響色彩。
5. 自動調色：這功能為修正色偏，意思是修正色彩不自然的情況。
6. 潤飾：可以修飾灰塵、刮痕與小瑕疵。
7. 文字：在相片中加入文字加以編輯。

▎二、微調光線和修正色彩：

　　這部分可分為調整亮度、強光、陰影、色溫 4 項，都可以試著去微調看看，調整至與物件實際的色澤相符即可。

▎三、有趣和實用的圖像處理：

　　共有 3 個大項，27 種不同的相片處理方式，這部分就讓各位自己動手試試看，就不再贅述。其中有一個調整飽合度的功能，倒是筆者常使用的選項。一件作品拍攝的成功與否，背景、光源、相機這 3 項的重要性各占三分之一，翡翠的背景若以黑色為底，最容易拍攝出成功照片，其次為灰色，再來是白色，這幾種底色，大家都可以試著拍拍看。

　　以上是簡易翡翠物件拍攝方式，提供給想拍攝翡翠但沒有專業攝影棚的朋友們參考，希望大家都可以利用手邊現有的工具輕鬆拍出好看的翡翠。（這篇簡易的翡翠物件拍攝心得，萬分感謝珠寶攝影學鄒六老師的悉心指導學生林曉青完成。）

1

翡翠的成因、礦帶、產狀及場區

 ## 翡翠的成因

　　歐陽秋眉曾提出翡翠形成的地方都有鈉長石的火成岩侵入體。鈉長石化學成分為 $NaAlSi_3O_8$，所以推測翡翠是在低溫、高壓下由鈉長石去矽作用而形成。翡翠產在海洋地殼深入大陸地殼的深處，它的鈉是由海洋供給，如果溫度高、壓力不大，這種海洋地殼只能生成鈉長石，和大陸地殼的石英長在一起。如果壓力大而溫度不高，石英與鈉長石就會結合成翡翠。假如壓力與溫度都剛好，翡翠、石英、鈉長石就會共生。

　　鈉長石（Albite）＝翡翠（Jadeite）＋石英（Quartz）

　　$NaAlSi_3O_8 = NaAlSi_2O_6 + SiO_2$

 ## 翡翠礦帶概況

　　緬甸北部翡翠礦帶主要分為 3 大產區：後江、帕敢與南奇。礦區地形崎嶇，森林茂密，主要交通都是靠公路、鐵路。帕敢距離瓦城（曼德勒）720 公里，距離密支那 176 公里，距離騰衝 327 公里，近年來都是中國通往印度必經之道，也是史迪威公路的一段。

　　根據摩依 2002 年的調查，緬北硬玉帶南到霧須貢、莫魯鐵路之南，北至達蘇崩，南北長 190 公里。北部寬 30 公里，南部寬 50 公里，面積可達 7,600 平方公里。原生硬玉目前發現最高海拔為 1,200 公尺，最低在 275 公尺。兩者之間相差約 900 公尺。緬甸地質構造屬印緬板塊與歐亞板塊相碰撞的東部，硬玉礦帶呈南北向，為高壓變質帶。它的礦床通常可以分成原生礦床與次生礦床。

▌原生礦床

　　位於阿爾卑斯褶皺帶與老的板塊隆起接合處。礦區內有 4 個礦床，品質最好的是度冒礦床。產翡翠的蛇紋岩帶呈北東分布，岩體長 18 公里，寬 6.4 公里，走向長 300 公尺，呈透鏡狀、串珠狀、岩脈狀。翡翠、鈉長石及角閃岩共生組成的礦體成帶狀，由中心向外分成：

1. 翡翠帶

　　由白色翡翠組成，內部可見黃、淺綠、淺紅之斑狀細脈。

2. 翡翠、鈉長石過渡帶

　　以白色翡翠為主，鈉長石次之。鈉長石與翡翠常交代出現。

3. 細粒鈉長石帶

　　局部有鈉角閃石與綠泥石。

4. 綠泥石帶

　　一般分布在平緩礦體上盤，為強烈褶皺的片狀岩石。

5. 蛇紋岩化橄欖岩

　　礦床由侵入到超基性岩中的酸性岩脈、岩株交代作用形成。

　　原生礦床產於霧露河上游，主要分布在龍肯與雷打場區。比較具有代表性的場口有度冒、納冒、緬冒、凱蘇、鐵龍生、八三、目亂崗、馬薩等地。

次生礦床

1. 沖積礦床

　　由度冒翡翠原生礦床及未發現的原生礦床，風化侵蝕沖刷而成。主要分布在霧露河（烏龍河）上游，度冒之東及東南之坎底村附近的河谷中最多。

2. 位於霧露河上游的一條支流內

　　礫岩層覆蓋在蛇紋岩化橄欖岩上。含翡翠岩礫石層由巨大漂礫石組成，主要成分有蛇紋岩、石英岩、鈉長石、藍閃石片岩、翡翠、輝石岩等。由黏土或鈣鐵膠結而成，厚約300公尺。

　　次生礦床主要沿著霧露河兩岸的盆地分布，代表性的礦場有會卡場區、帕敢場區、後江場區、達木坎場區等地區。其中又以後江、帕敢這兩區的品質最佳，許多高檔老坑玻璃種翡翠幾乎都出自這兩個場口。

　　據摩依指出，2002年帕敢地區豎井開採硬玉有2層，上層為近代河床沖積硬玉礦床，下層為第四紀霧露河含硬玉礫石的沖積沉積層。當時開採深度達126公尺。

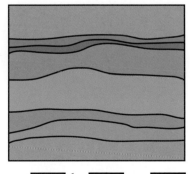

a. ██　b. ██　c. ██

d. ██　e. ██　f. ██

a. 蛇紋岩
b. 綠泥石片岩
c. 角閃石片岩
d. 鈉長石岩（含角閃石片岩包含體）
e. 鈉長石 - 硬玉岩
f. 硬玉岩

 緬甸翡翠場區

　　根據袁心強教授的說法，緬甸翡翠礦床分為3大處：後江礦區、帕敢礦區、會卡礦區。其中後江礦區的翡翠品質最好；帕敢礦區開採河流沖積砂礦的歷史最久，出產的大量翡翠中也不乏高品質的翡翠；會卡礦區的翡翠原石，

圓潤、外皮薄，呈黃、灰、黑、淡綠等各種顏色。摩依在《摩依識翠》中則分出老場區、新老場區、新場區等 6 大場區。

老場區（老坑、老廠）

1. **達木坎場區**：著名場口有達木坎、黃巴、雀丙等 14 個場口。
2. **帕敢場區**：著名場口有會卡、木那、四卡通、帕敢、大地谷等 28 個場口。
3. **南其場區**：著名場口有南奇、莫罕等 9 個場口。
4. **後江場區**：著名場口有雷打、加莫、後江、莫東郭等 5 個場口。

新場區（新坑、新廠）

著名的有凱蘇、度冒、目亂崗、馬薩等 11 個場口。

新老場區（新老廠）

著名場口有龍塘場口。

著名的幾個翡翠場區與特色

場區所產的皮殼與特色都不一樣，甚至在同一場區裡，不同層也會有不同外皮顏色與表現的皮殼。通常在選購時，行家都會說出這是哪個場口出的原石，但是只能當作參考依據，就怕陷入場口迷思，造成誤判。以下整理出幾個著名場區原石特色，部分是朋友提供的原石，但是不在緬甸各礦區開採或直接買賣的人，不太容易搞

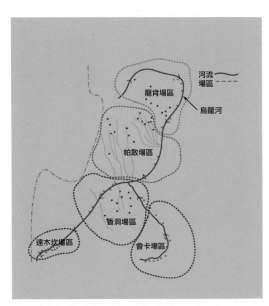

▲ 緬甸主要翡翠場區分佈圖（江鎮城《翡翠原石之旅》）

懂這麼多場口的特色區別。筆者寫至此也是戰戰兢兢，深怕誤導讀者，如果認知有誤，也請前輩、專家不吝賜教。

1. 帕敢場區

帕敢是緬甸最主要的翡翠產地，出產的翡翠毛料皮薄且質地細密，呈灰褐或灰黑色，有些翡翠礫石還具有黑色的蠟狀皮。帕敢礦區開採河流沖積礦的歷史最為悠久，主產個體玉，常有黃鹽砂、黑砂皮翡翠，這是世上最有名的翡翠礦區，所產翡翠大多質好，色彩豐富，形體多變，出產過大量高品質的翡翠。

2. 龍肯場區

所產玉石結晶翠，有顆粒狀。龍肯場口的原石特徵，以無皮玉為主。也有個體玉，個體玉皮殼厚薄不一，大部分皮殼砂粒粗大，種差，砂翻得不均勻，有些松花色特別好，又鮮又豔。

3. 香洞場區

目前香洞場口採到的玉多屬地層石，皮色種類比較多，白、黃、鐵紅砂皮皆有，靠水區域常有黑、灰泥皮。切開之玉多質好，色彩豐富。

4. 會卡場區

所產玉皮薄，為黃、白砂皮，透明度高，但綠色不豔。會卡場區多出水石，水翻砂石，蠟皮石，切開後底、色、樣態豐富多變。

5. 達木坎場區

翡翠產地的佼佼者，水洞多，出產玉石皮薄，種肉均好，如有色即是好的材料。該地所產水石較多，色為水綠，透明度高，皮有黃白等色，原料塊度較小，在 1 到 4 公斤之間，所產玉多帶油光，能反射出幾種色彩，因此而倍受喜愛。

6. 後江場區

與其他礦區相比，後江礦區的翡翠品質最好，但產出的翡翠礫石一般都較小（小於1,000 克）。所產玉石質地細膩，結構緻密，透明度高，色碧綠或帶黃，非常受光，是做

戒面的理想用材,近年來因產烏砂而聞名。

　　各個礦區所產翡翠的外觀、顏色、品質都有不同的特點,而這些特點就充分體現在翡翠的皮殼上。不同場區、場口所產的翡翠原石的特殊性,是判斷翡翠價值最重要的參考。

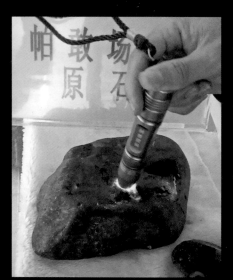

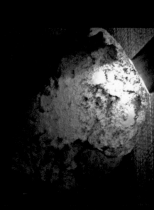

▲ 達木坎原石(騰衝小李)　　　▲ 後江原石(麓玉齋劉超)

2

翡翠的礦物成分與組成結構

▌翡翠的礦物成分

翡翠並非單一礦物的組成,主要由輝石類礦物與少量的閃石類及鈉長石礦物等組成。根據香港珠寶學院歐陽秋眉、嚴軍、吳飛洋、陳索翌,2011 年 10 月在北大召開的玉石學國際學術研討會中,將翡翠定義由 3 種單斜輝石──硬玉、綠輝石、鈉鉻輝石為主要礦物(可含少量的輝石類礦物)組成的具有粒狀和纖維狀緊實鑲嵌結構,2 組平行柱面解理的細粒多晶玉類礦物集合體。根據礦物組成可以分成硬玉質翡翠、鈉鉻輝石質翡翠、綠輝石質翡翠。

1. 硬玉質翡翠

包含大部分的翡翠品種,最常見的有玻璃種、冰種、糯種、白豆種。白色系列,無色

▼ 在 100 倍偏光顯微鏡下,硬玉兩組解理

到透明，透明到不透明，紫羅蘭系列（藍紫、茄紫、粉紫），油青種、芙蓉種、豆青、彩豆、鐵龍生、三彩、金絲種、花青種、飄蘭花、白底青。比重約 3.28-3.40。硬度約 6.5-7。折光率約 1.66。

2. 鈉鉻輝石質翡翠

例如乾青種。比重因成分差異變化大，約 2.5-3.45。硬度約 5-5.5。折光率偏高，約 1.70-1.75。

3. 綠輝石質翡翠

例如墨翠，比重 3.34-3.38。硬度在 6.5-7。折光率約 1.67。

袁心強教授在《翡翠寶石學》書裡提到翡翠類型有：

1. 翡翠（硬玉，含鉻硬玉、綠輝石質硬玉，主要產在瓜地馬拉），商業稱「鐵龍生」。
2. 含綠輝石翡翠（硬玉，綠輝石），商業稱「飄蘭花」。
3. 含鈉長石翡翠（硬玉，鈉長石）。
4. 含角閃石翡翠（硬玉，角閃石），主要是帶癬的角閃石翡翠。
5. 綠輝石翡翠（綠輝石），商業稱「墨翠」。
6. 鈉鉻輝石翡翠（鉻硬玉，含鉻綠輝石、鈉鉻輝石），商業稱「乾青種」。
7. 鈉鉻鈉長石翡翠（鈉長石、鈉鉻輝石、綠輝石），商業稱「磨西西」。這是瑞士古柏林教授在 1965 年最先報導，且依照地名稱為磨西西（Man-Sit-Sit），主要是白色鈉長石與綠色鈉鉻輝石，並帶有黑色鉻鐵礦斑塊與微量鹼性角閃石組合而成。比重 2.7-2.8。硬度 5。折光率在 1.54-1.73。

註：依照岩石學分類原則，次要礦物成分含量在 20～50% 時，必須納入命名。次要礦物當作形容詞放在前面，
　　如含綠輝石翡翠，綠輝石含量在 20～49%，硬玉含量超過 50%。次要翡翠低於 20% 時，就不納入命名。

▲ 玻璃種翡翠原石（羅加佳）

▲ 墨翠翡翠原礦

▲ 鐵龍生原礦（吳照明）

翡翠基本物理化學特性

化學成分：硬玉 $(NaAlSi_2O_6)$—鈉鉻輝石 $(NaCrSi_2O_6)$—綠輝石 $(NaFeSi_2O_6)$

編號	銀色	分析項目 %									
		Na_2O	K_2O	MgO	Al_2O_3	SiO_2	CaO	MnO	FeO	Cr_2O_3	合計
Ja01	透明無色	15.65	0.02	0.26	24.17	59.35	0.40	0.02	0.18	0.01	100.06
Jah13	蘋果綠色	16.34	0.01	1.33	21.78	58.36	1.88	0.03	0.82	0.16	100.71
Jas04	翠綠色	9.64	0.01	7.81	12.73	56.81	11.12	0.06	1.23	0.19	99.6
Jas06	墨綠色	16.78	0.04	1.39	21.58	58.15	1.81	0	1.41	0.12	101.28
Jaq1	黑色	8.68	0	7.18	11.73	57.47	10.70	0.10	3.58	0.02	99.46
Jaq2	灰藍色	9.36	0.63	20.68	2.86	60.91	1.79	0.01	3.52	0.03	99.79
Jap01-1	黑色	14.46	0.01	1.05	21.98	59.26	1.47	0	2.09	0.33	100.65
Jap01-2	白色	14.20	0.02	1.52	21.65	59.02	2.11	0.05	1.92	0.01	100.50
Jap01-3	淺綠色	10.12	0.10	17.84	8.08	59.02	2.23	0.03	2.74	0.44	100.60
Ja13-1	淡綠色	14.64	0	0.96	16.89	58.92	1.21	0.07	5.21	3.14	101.04
Ja13-2	黑色	9.39	0.78	21.31	1.96	60.78	2.76	0.07	4.32	0.02	101.39
Ja14	翠綠色	12.01	0.01	3.68	17.31	58.41	5.26	0.04	3.01	0.21	99.94
Jah09-1	白色	16.45	0.02	0.68	22.70	59.33	1.03	0.04	0.75	0.02	101.02
Jah09-2	翡翠綠色	10.69	0.33	18.69	6.39	59.93	1.90	0	2.00	0.38	100.31

▲ 利用電子微探針分析翡翠化學成分（引自湯惠民《輝石之礦物學研究》）

顏色：白、灰、黑、各種綠、紫、黃、紅、藍、褐色等。

光澤：玻璃光澤到油脂光澤。

硬度：6.5-7.0

比重：3.2-3.35

折射率：1.66（遠測法）

　　綠輝石化學成分分析，在筆者 1996 年臺大地質所論文《輝石之礦物學研究》裡，標本編號 Jaq1，Na_2O-8.68%、K_2O-0%、MgO-7.18%、Al_2O_3-11.73%、SiO_2-57.47%、CaO-10.7%、MnO-0.1%、FeO-3.58%、Cr_2O_3-0.02%，合計 99.46%。與亓利劍等 (1998)、鄭處生等 (1998)、歐陽秋眉等 (1999)、黃鳳鳴等 (2000)、袁心強 (2004) 等諸位學者分析內容皆吻合。

翡翠的結晶學特徵

　　硬玉屬於輝石家族、單斜輝石亞族的礦物，屬於單斜晶系。硬玉有平行 C 軸 2 組完全解理，2 個解理面的夾角為 87°，將近 90°，通常呈柱狀、短柱狀、纖維狀、不規則粒狀的型態出現。

翡翠的構造與結構特徵

　　翡翠的構造與結構特徵相當複雜，主要是受到板塊運動，海洋地殼深入大陸地殼，在低溫高壓下所形成。它的複雜性包含它的成分多元化、顏色多樣化、結晶多

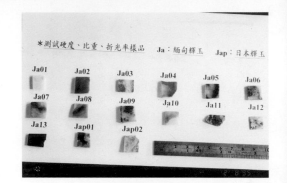

▲ 硬玉測試標本

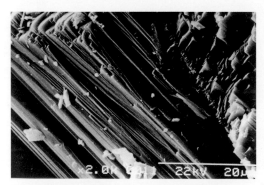

▲ 電子顯微鏡下放大 2,000 倍硬玉呈現柱狀構造

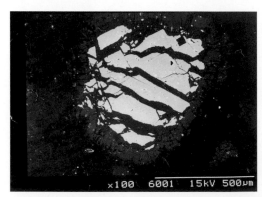

▲ 電子顯微鏡下鉻鐵礦照片（放大 100 倍）

變化，以人類有限智慧，要去推敲原來地殼變動時礦物結晶生長，之後遭到擠壓變形，多次溶蝕交代成礦作用等多重因素，尚難以完全掌握。近代的地質學家與礦物學家尋找各種跡象，利用各種精密儀器（電子微探針、電子顯微鏡、X 光繞射儀、拉曼光譜儀），用岩石與礦物的角度（岩石薄片與偏光顯微鏡），觀察礦區出露的露頭及市場拍賣的原石，做科學的分析與整理。

在這裡簡單整理出翡翠原石構造，常見的有：塊狀構造、脈狀構造、角礫狀構造、條帶與褶皺狀構造。

翡翠晶體結構依據袁心強教授分類，有柱狀鑲嵌結構、柱狀變晶、齒狀鑲嵌、纖維狀結構、不等粒變晶、破碎結構和交代結構。晶體顆粒越細，透明度越高，形成所謂玻璃種的翡翠。粗粒和鬆散結構是透明度較低、顆粒較粗的結構，例如八三種的翡翠與豆種的翡翠。當然顆粒排列一致性高，具有方向性，也是形成高透明度的基本條件，例如：玻璃種。顆粒粗細不均勻，礦物種類繁雜複雜性高，也是造成不透明的原因之一。

▍翡翠的顏色成因

翡翠原石內部的顏色，至今一直是一團謎。如果今天有人可以猜出 9 成翡翠內部綠顏色分布、走向與多寡的話，這個人就可以富好幾輩子，不愁吃穿。要是祕密公開的話，就不會有賭石這行業了。問題是，以現在的科學儀器跟腦力經驗，再有能力與經驗的行家，能有 3 ～ 4 成猜對的機率就算不錯了。

翡翠的顏色可分成原生與次生 2 部分。原生色是指原生翡

◀ 由上至下：條狀原石構造、角礫狀原石構造、脈狀原石構造、褶皺狀原石構造

翠的顏色，主要的色調有白、綠、紫、黑、墨綠等。根據筆者與多位學者研究，翡翠綠顏色主要是與鉻 (Cr) 有關。從標本淡綠色、蘋果綠到深綠色中，氧化鉻 (Cr_2O_3) 含量從 0.16%～3.14%。最好的皇家綠樣本，當時無法取得，有點可惜。而鈉鉻輝石的氧化鉻含量在實驗中得到 27%。墨翠與綠輝石有關。黑色與角閃石或鉻鐵礦有關。實驗中也發現在鉻鐵礦旁的氧化鉻含量也會偏高。譚立平教授 20 年前觀察翡翠市場，高翠含有鉻鐵礦黑點的蛋面，售價約不含鉻鐵礦高翠蛋面的三分之一～二分之一。就是所謂黑蟒要是鉻鐵礦形成就有高綠──「綠隨黑走」的意思，如果是角閃石造成就是死綠，不會再有豔綠色產生。

翡翠次生色是指翡翠在地表接觸空氣與水，受到風化作用，使翡翠表面組成礦物分解，並在礦物間充填各種物質而產生顏色。通常有黃、褐色、紅色、灰綠、黑色等。胡處雁教授提到，綠色調次生色是在相對還原的環境下形成，各種次生色可以疊加在原生顏色上，使原生色調變得更灰暗。紅色調翡翠稱為紅翡，黃色調稱為黃翡。通常少見有質地好的紅黃翡。灰綠色次生翡翠稱油青種，通常市場價位也是偏低，是翡翠在地下水作用下，顆粒間充填綠泥石微晶與其他矽酸鹽礦物所造成的灰綠、灰藍綠、藍灰色等。由綠輝石所造成的綠色，商業上稱為飄蘭花。它的顏色成飄絲、草叢狀，目前深受消費者歡迎，尤其是玻璃種飄蘭花手鐲，價值都有幾十萬甚至上百萬。

至於綠色翡翠形成時間，大多數學者都認同較晚於白色或紫色翡翠。白色或淺色翡翠因受地殼變動擠壓，在壓力的影響下產生許多裂隙，隨後受到含有鉻的礦溶液充填交代作用，造成綠色翡翠大多出現絲片狀、脈狀、浸染狀，且大多不均勻。

▲ 老坑滿色手鐲，可遇而不可求。
（羅加佳）

▲ 紅翡戒面，有特殊的老味道。

參考文獻

葉劍、善文、王海波，翡翠還能漲多久 [J]，翡翠界雜誌第一期，22-27 頁，2011。

李連舉，翡翠為何如此瘋狂 [J]，翡翠界雜誌第一期，28-31 頁，2011。

西格爾、彭覺，翡翠上漲四大因素 [J]，翡翠界雜誌第一期，32-34 頁，2011。

刀磊，東方金鈺對局翡翠軟著陸 [J]，翡翠界雜誌第一期，36-39 頁，2011。

劉海鷗、摩�，翡翠拐點到了 [J]，翡翠界雜誌，第一期，40-44 頁，2011。

張竹邦，騰衝翡翠盛衰因由 [J]，翡翠界雜誌第一期，89-93 頁，2011。

摩仗，危機關頭，翡翠業如何應對 [J]，翡翠界雜誌，第二期 39 頁，2012。

王曼君，翡翠分級國家標準簡析 [J]，翡翠界雜誌第二期，46-49 頁，2012。

嚴軍，翡翠的 4C2T1V[J]，翡翠界雜誌第二期，50-53 頁，2012。

摩仗，翡翠級別樣標之翡翠價值標準框架 [J]，翡翠界雜誌第二期，54-57 頁，2012。

若選、夏奕海，揭陽態度 [J]，翡翠界雜誌第三期，48-49 頁，2012。

包爾吉，玉雕比賽評什麼 [J]，翡翠界雜誌第三期，77-79 頁，2012。

刀刀，姐告玉城實業為何逆勢火爆 [J]，翡翠界雜誌第三期，102-103 頁，2012。

玉石學國際學術研討會論文集編委會，玉石學國際學術研討會論文集 [J]，地質出版社，389 頁，2011。

鄧昆，翡翠評價等級來了 [J]，翡翠界雜誌第二期，58-62 頁，2012。

西格爾，讓標準成為訂價的基礎 [J]，翡翠界雜誌第二期，68-70 頁，2012。

袁淨，商業民主的猜想 [J]，翡翠界雜誌第二期，94-102 頁，2012。

金玉滿堂欄目，翡翠遇冷 [J]，翡翠界雜誌第二期，110-112 頁，2012。

四水歸堂：柳柳，批量翡翠的高質量攝影 [J]，翡翠界雜誌，第二期，144-147 頁，2012。

湯惠民，輝玉之礦物學研究 [J]，臺灣大學地質研究所碩士論文，67 頁，1996。

吳磊，緬甸玉地產狀與特徵 [J]，吳照明珠寶學刊第三期，63-66 頁，1991。

華國津、張代明，玉雕設計與加工工藝 [M]，雲南科技出版社，164 頁 (2011)。

奧巖，玉成壹心 ‧ 中國玉石雕刻大師——王俊懿 [M]，地質出版社，307 頁，2010。

郭穎，翡翠收藏入門百科 [M]，吉林出版集團有限責任公司，287 頁，2007。

包德清、楊明星，翡翠商貿 [M]，中國地質大學出版社，169 頁，2010。

郭穎，翡翠圖鑒 [M]，化學工業出版社，129 頁，2011。

李永廣、李嶠，翡翠玩家必備手冊 [M]，中國書局，202 頁，2012。

萬珺，萬珺講翡翠收藏 [M]，湖南美術出版社，116 頁，2010。

萬珺，鑒識翡翠 [M]，福建美術出版社，76 頁，2006。

林益弘，鈣鎂鐵輝石之拉曼光譜研究 [J]，臺灣大學地質研究所碩士論文，74 頁，1995。

歐陽秋眉、嚴軍，秋眉翡翠——實用翡翠學 [M]，學林出版社，236 頁，2011。

歐陽秋眉、嚴軍，翡翠選購 [M]，學林出版社，230 頁，2011。

蕭永福，翡翠精品鑒賞 [M]，雲南科技出版社，139 頁，2010。

蕭永福、饒之帆，翡翠鑒賞與投資 [M]，雲南科技出版社，107 頁，2010。

胡楚雁，翡翠大講堂 [M]，雲南人民電子音像出版社。

張竹邦，勐拱翡翠經 [M]，雲南人民出版社，240 頁，2007。

姜雲寶，怎樣購買翡翠 [M]，湖南美術出版社，135 頁，2011。

徐軍，賭石珠寶玉石投資 [M]，雲南人民出版社有限責任公司，84 頁，2010。

江鎮城，翡翠原石之旅 [M]，林玉琴出版，256 頁，1996。

摩仕，摩仕識翠 [M]，雲南美術出版社，176 頁，2010。

袁心強，應用翡翠寶石學，武漢地質大學出版社，256 頁，2011。

蘇富比珠寶拍賣圖錄 (2007~2012)。

佳士得珠寶拍賣圖錄 (2007~2012)。

Best Buy系列 003
行家這樣買翡翠——翡翠鑑賞、選購、投資權威指南

作　　　者 — 湯惠民
圖 片 提 供 — 北京紫圖圖書有限公司
主　　　編 — 顏少鵬
責 任 編 輯 — 李國祥
責 任 企 劃 — 張育瑄
美 術 設 計 — 我我設計工作室 wowo.design@gmail.com
總 編 輯 — 李采洪

董 事 長 — 趙政岷
出 版 者 — 時報文化出版企業股份有限公司
　　　　　　108019 台北市和平西路三段二四〇號三樓
　　　　　　發 行 專 線 — （02）2306-6842
　　　　　　讀者服務專線 — 0800-231-705　（02）2304-7103
　　　　　　讀者服務傳真 — （02）2304-6858
　　　　　　郵　　　撥 — 19344724 時報文化出版公司
　　　　　　信　　　箱 — 10899臺北華江橋郵局第99信箱
時報悅讀網 — http://www.readingtimes.com.tw
電子郵件信箱 — newstudy@ readingtimes.com.tw
時報出版愛讀者粉絲團 — http://www.facebook.com/readingtimes.2
法 律 顧 問 — 理律法律事務所 陳長文律師、李念祖律師
印　　　刷 — 和楹印刷有限公司
初 版 一 刷 — 2013年3月22日
初 版 七 刷 — 2021年1月4日
定　　　價 — 新台幣680元

行家這樣買翡翠 / 湯惠民著. -- 初版. -- 臺北
市：時報文化, 2013.03
　面；　公分. -- (Best Buy系列 ; 3)
　ISBN 978-957-13-5740-9
　　1.珠寶業 2.購物指南
486.8　　　　　　　　　　　　　　102004070

ISBN 978-957-13-5740-9
Printed in Taiwan

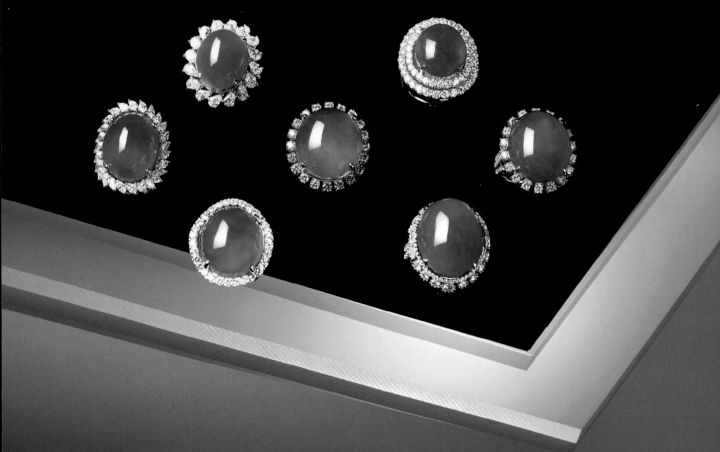

吳照明寶石教學鑑定中心　寶石鑑定・寶石教學

鑑定師 吳照明小檔案

學歷　文化大學海洋研究所資源組碩士
　　　英國寶石學會FGA & DGA鑑定師
　　　瑞士寶石學院Scientific Gemmology證書(SSEF)
　　　中華人民共合國珠寶玉石質量檢驗師證照(CGC)

經歷　文化大學海洋學系地質組講師副教授
　　　實踐大學服裝系寶石講師
　　　英國寶石學會在台聯合教學中心負責人
　　　中國地質大學寶石和寶石學雜誌編委
　　　輔仁大學講師助理教授

寶石鑑定服務

☑ 鑑定師三十年豐富經驗
　消費者指名的鑑定師之一

☑ 鑑定中心設有F.T.I.R.紅外
　光譜儀（解析度0.5cm⁻¹）
　高準確性可精準鑑定翡
　翠玉石、蛋白石、琥珀
　；已訂購UV-Visible-NIR
　，提供更專業、科學化
　的鑑定服務

☑ 專業鑑定，合理收費

寶石教學課程

▶ 一般基礎寶石學課程
　翡翠玉石鑑賞班
　鑽石鑑賞班
　彩色寶石鑑賞班

▶ 英國寶石學文憑課程
　FGA寶石學文憑
　DGA鑽石文憑
　基礎寶石學

地址：台北市大安區忠孝東路四段101巷16號3樓之2　電話：(02)2731-4174

鑑定公正
教學專業

遠東鑑定室

您可信賴的翡翠顧問

Since 1985

實用寶石學專業班

上課時間：每週一~五

(上午班：10:00~12:00 晚上班：19:00~21:00)

上課期間：五週 (48小時)

寶石鑑定/銷售特約班

針對團體或個別需要，彈性特別安排

短期、密集的訓練課程。

講師：

葉 憲 卿 G.G.美國寶石學院研究寶石學家

林 愛 馨 G.G.美國寶石學院研究寶石學家

遠東珠寶鑑定顧問有限公司
FAREAST GEM CONSULTANT LTD.

台北市仁愛路四段50號6樓

TEL:(02)27028142~3

中國地質大學【武漢】珠寶學院

【GIC珠寶鑑定師資格證書課程簡介】

【課程介紹】

GIC珠寶鑑定師課程分為寶石鑑定證書課程及鑽石分級鑑定證書課程二部份：

1.寶石鑑定師證書課程

　　本課程為GIC寶石鑑定證書課程的部份。課程包含了寶石學基本理論和基本鑑定技能，更深入以合成與優化處理寶石的鑑別為中心，講授必要的相關學科的理論知識，培養分析和解決問題的能力，並訓練準確鑑定寶石品種及其真偽的實踐技能。學員通過考試後，獲寶石鑑定師（GIC）資格證書。

　　主要內容：結晶礦物質、寶石學概論、寶石鑑定儀器、常見寶石名稱常見寶石的合成與處理方法導論、常見寶石及仿製品的鑑定實踐。寶石鑑定的實驗技術、礦物學理論、寶石顏色成因和發光性寶石內含物、寶石合成與優化處理的特性與鑑定、分析儀器在珠寶鑑定中的應用、收藏寶石與稀有寶石各論、重要寶石的真偽鑑別和寶石鑑定實踐等。

2.鑽石分級鑑定師證書課程

　　鑽石分級鑑定師證書課程也是GIC證書的一部份，這是中國大陸的第一張鑽石分級鑑定師證書，也是國際認可的鑽石分級鑑定證書。本課程可以單獨選修，也有函授課程，通過課程考試之後，獲鑽石分級學證書。本課程按國際標準，重點講授鑽石的4C分級理論，並注重訓練使用十倍放大鏡進行分級的技能與技巧。

　　主要內容：鑽石的形成與資源概況、鑽石的特性、切磨工藝、切工分級、克拉重量、顏色分級、淨度分級、鑽石優化處理、合成鑽石、鑽石仿製品鑽石評估與證書。實物標本充足，課程嚴謹，師資優異，訓練學員成為一個合格的國際鑽石分級鑑定師。

【課程特色】

1、世界四大珠寶學院鑑定師資格證書。
2、中國大陸目前唯一珠寶鑑定師資格證書。　　3、亞洲最大之大學制珠寶學院。
4、小班制教學，理論與實務並重。　　5、師資優良儀器、標本、設備齊全。
6、通過GIC珠寶鑑定師資格證書課程可直接報考英國皇家寶石學院FGA高級考試。
7、通過GIC鑑定師證書課程，可直接參加中國大陸國家鑑定師資格考試。

【課程表】

班　別	課 程 類 別	上 課 時 間	學　費
GIC鑽石分級鑑定師班 開課日期請洽寶協 每週日上課（桃園教室）	理論及實習課程 24堂課 （約3個月，70小時）	每週日（全天） 10：30~17：00	NT＄63,000.- 中華民國寶石協會 會員再享九五折優惠
GIC寶石鑑定師班 開課日期請洽寶協 每週六上課（桃園教室）	基礎課程及證書課程 60堂課 （約6.5個月，180小時）	每週六（全天） 10：30~17：00	NT＄129,000.- 中華民國寶石協會 會員再享九五折優惠

中華民國寶石協會
台北市105松山區南京東路四段100號11樓
電話：02-2577-7476　傳真：02-2577-4632　www.gem.org.tw

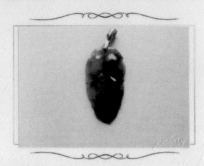

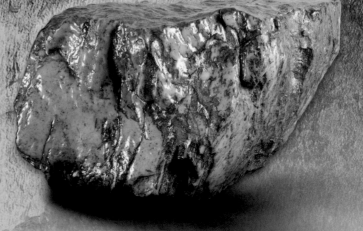

天空下的珍寶

除了人生不凡的內涵，形之於外

美的尋覓是真實、理性、科學、良知良能、止於至善

魏思凱珠寶鑑定顧問公司，創立於1993，秉持真、善、美的精神

引領您進入奧妙的珠寶世界

唯有欣賞她、瞭解她、擁有她、繼而珍藏她

您就可以成為一位鑑賞專家

服務項目：珠寶專業鑑定、珠寶設計藝術教學、推廣教育、人才培訓、珠寶專業顧問